ÉTUDES ET LECTURES

SUR

L'ASTRONOMIE,

PAR

CAMILLE FLAMMARION,

Astronome, Membre de plusieurs Académies, etc.

TOME QUATRIÈME.

PARIS,

GAUTHIER-VILLARS, IMPRIMEUR-LIBRAIRE

DU BUREAU DES LONGITUDES, DE L'OBSERVATOIRE DE PARIS,

SUCCESSEUR DE MALLET-BACHELIER,

Quai des Grands-Augustins, 55.

1873

ÉTUDES ET LECTURES

SUR

L'ASTRONOMIE.

PARIS. — IMPRIMERIE DE GAUTHIER-VILLARS,
Quai des Augustins, 55.

ÉTUDES ET LECTURES

SUR

L'ASTRONOMIE,

PAR

CAMILLE FLAMMARION,

Astronome, Membre de plusieurs Académies, etc.

TOME QUATRIÈME,

Accompagné de 33 figures astronomiques.

PARIS,

GAUTHIER-VILLARS, IMPRIMEUR-LIBRAIRE

DU BUREAU DES LONGITUDES, DE L'OBSERVATOIRE DE PARIS,

SUCCESSEUR DE MALLET-BACHELIER,

Quai des Grands-Augustins, 55.

1873

OUVRAGES DU MÊME AUTEUR.

L'Atmosphère. — Description des grands phénomènes de la nature. 1 vol. grand in-8, illustré de 15 chromolithographies et de 228 gravures; 2ᵉ édition........ 20 fr.

Histoire du Ciel. — Histoire de l'Astronomie et des différents systèmes imaginés pour expliquer l'Univers. 1 vol. grand in-8 illustré; 2ᵉ édition................. 9 fr.

La Pluralité des Mondes habités. — Étude où l'on expose les conditions d'habitabilité des terres célestes, discutées au point de vue de l'Astronomie, de la Physiologie et de la Philosophie naturelle. 20ᵉ édition; 1 vol. in-12, avec fig. astr............................ 3 fr. 50 c.

Les Mondes imaginaires et les Mondes réels. — Voyage astronomique pittoresque dans le ciel, et revue critique des théories humaines, anciennes et modernes, sur les habitants des astres. 12ᵉ édit.; 1 vol. in-12. 3 fr. 50 c.

Dieu dans la Nature, ou le Spiritualisme et le Matérialisme devant la Science moderne. 11ᵉ édition; 1 fort vol. in-12, avec le portrait de l'Auteur.............. 4 fr.

SIR HUMPHRY DAVY. — Les derniers Jours d'un Philosophe. — Entretiens sur la Nature, sur l'Humanité, sur l'Ame et sur les Sciences. Ouvrage traduit de l'anglais et annoté. 4ᵉ édit.; 1 vol. in-12............. 3 fr. 50 c.

Récits de l'Infini. — *Lumen;* histoire d'une Ame. — Histoire d'une Comète. — La vie universelle et éternelle. 4ᵉ édit.; 1 vol. in-12...................... 3 fr. 50 c.

Vie de Copernic et Histoire de la découverte du véritable système du Monde. 1 vol. in-12.............. 1 fr. 50 c.

Les Merveilles célestes. — Lectures du soir. Traité élémentaire d'Astronomie à l'usage de la jeunesse et des gens du monde, illustré de 80 gravures et de planches. 20ᵉ mille; 1 vol. in-12....................... 2 fr.

Contemplations scientifiques. — Nouvelles Études de la Nature et Exposition des œuvres éminentes de la Science contemporaine. 2ᵉ édit.; 1 vol. in-12........ 3 fr. 50 c.

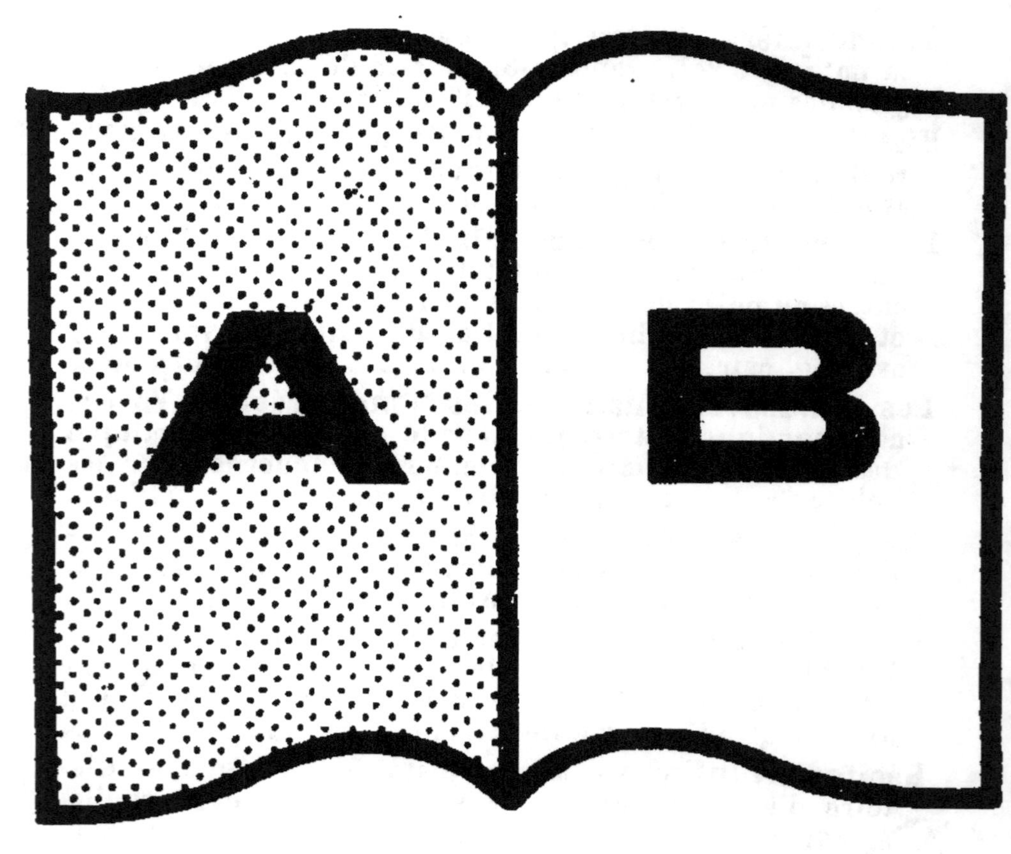

Contraste insuffisant

NF Z 43-120-14

TABLE DES MATIÈRES.

AVERTISSEMENT.

Le but de cet Ouvrage étant de représenter aussi fidèlement et aussi complétement que possible la marche et les travaux de l'Astronomie contemporaine, on trouvera réunis dans ce Volume les sujets principaux qui ont marqué, en ces dernières années, les étapes de cette science admirable.

Ces études se trouvent encore de plusieurs années en retard; mais, comme déjà nous l'avons remarqué, ce n'est pas un désavantage de ne relater les faits, dans un Recueil spécial, que quelques années après leur accomplissement, parce qu'on a eu le temps, soit de les vérifier et compléter, soit de les discuter et de les mettre dans une plus grande lumière. Ils ont acquis droit de cité dans le monde de la Science, et nous pouvons désormais les enregistrer d'une manière définitive et sans crainte.

Un événement capital est depuis longtemps le point de mire de l'attention des astronomes des différents pays, et de grands préparatifs ont été faits pour en tirer le meilleur résultat possible. Le 8 décembre 1874, la planète Vénus, passant devant l'astre du jour, fournira le moyen de vérifier la parallaxe du Soleil et de déterminer avec une précision nouvelle la distance qui nous sépare du globe immense aux rayons duquel la vie est suspendue. Ce Volume s'ouvre par une étude spéciale des conditions de ce passage, par l'examen de la méthode d'observation et de calcul, par l'historique des mesures de la distance du Soleil et l'exposé de nos connaissances actuelles sur cet élément fondamental du système du monde.

La constitution physique du Soleil a été l'objet de recherches attentives, et sa surface si agitée a été, depuis quelques années surtout, observée avec le plus grand soin, principalement à Rome. Les protubérances ont pu être dessinées et classées suivant leurs formes et suivant leur situation dans l'atmosphère brûlante de l'astre du jour.

Les éclipses totales de Soleil de 1869 et 1870 ont offert de précieux documents à l'Astronomie physique. Celle du 22 décembre 1870 restera plus particulièrement dans nos souvenirs, à cause des événements douloureux de cette époque mémorable; nous avons voulu compléter sa relation en reproduisant le récit du voyage aéronautique accompli par le courageux missionnaire de la Science, pour se rendre de Paris vers des latitudes plus privilégiées.

On connaît le rôle des éclipses dans l'histoire. De nouvelles discussions sur l'éclipse de l'an 809 avant notre ère ont jeté une nouvelle lumière sur la chronologie ancienne, et montré une fois de plus que l'Astronomie est la base la plus sûre de l'Histoire.

Par les recherches de l'analyse spectrale et l'étude prismatique des gaz, la science a fait un pas de plus dans l'appréciation de la constitution physique du Soleil, des étoiles et des nébuleuses.

Il est difficile de se rendre compte de la puissance intarissable de la source de la chaleur solaire, qui verse un perpétuel rayonnement à la surface de notre planète; mais il est possible de calculer la quantité annuelle, diurne, horaire de cette chaleur, et même de chercher à l'exploiter industriellement. Les mines de houille seront bientôt épuisées. Ces calculs ont fait l'objet d'un Chapitre spécial.

Nous passerons ensuite à l'étude de la Lune. Nous examinerons si sa forme est sphéroïdale, ou bien allongée dans le sens du rayon vecteur de la Terre. Nous observerons sa constitution physique. Le Comité de l'Association Britannique a remis ces observations à l'ordre du jour et publié une nouvelle carte détaillée. Des photographies récentes ont été faites à l'aide du grand téléscope de Melbourne.

De quelle grandeur apparente la Lune nous semble-t-elle? L'appréciation vulgaire est contredite par le calcul, comme nous le verrons dans le Chapitre consacré à cette question.

L'influence des marées sur la rotation de la Terre a été discutée plus loin. L'attraction de notre satellite au-dessus de nos têtes est d'une faiblesse singulière, lorsqu'on compare sa quantité réelle à l'effet apparent produit dans nos ports aux syzygies.

Une occultation rare, celle de Saturne par la Lune, a donné lieu plus loin à des observations intéressantes tant au point de vue de l'appréciation des contacts que pour le problème d'une atmosphère lunaire réfractrice.

Plusieurs lecteurs de cet Ouvrage périodique nous ayant exprimé le désir d'y voir enregistrer les observations de bolides et d'aérolithes faites en divers points du globe, nous leur répondons ici en publiant un relevé fait avec tout le soin possible, surtout en ce qui concerne les circonstances des chutes de ces mystérieux échantillons des autres mondes.

Si l'on ajoute à ces différents sujets les découvertes successives des petites planètes situées entre les orbites de Mars et de Jupiter, on a l'ensemble des faits astronomiques qui ont illustré ces dernières années et le résumé des matières contenues dans ce petit Volume.

Paris, 1873.

LE PASSAGE

DE

VÉNUS SUR LE SOLEIL

LE 8 DÉCEMBRE 1874.

LE PASSAGE

DE

VÉNUS SUR LE SOLEIL

LE 8 DÉCEMBRE 1874.

I.

HISTORIQUE
DES MESURES DE LA DISTANCE DU SOLEIL.

La mesure des distances célestes, qui vient seulement de donner ses grands résultats par son application à l'Astronomie stellaire, a été commencée dès l'ancienne Astronomie chinoise et dès l'ancienne Astronomie grecque. Aristarque de Samos, qui vivait au IIIe siècle avant notre ère et fut l'un des premiers précurseurs de la doctrine du mouvement de la Terre et du véritable système du monde, avait calculé la distance de la Lune par la méthode trigonométrique de la mesure des distances inaccessibles, et était déjà arrivé à un résultat relativement remarquable, puisqu'il la trouvait de 35 à 40 diamètres terrestres. L'astronome Hipparque, dans le Ier siècle avant notre ère, estima cette distance à 32 diamètres terrestres. En réalité, elle est de 30. On voit qu'il y a plus de deux mille ans que la distance de la Lune est à peu près connue.

Il n'en est pas de même de la distance d'aucun autre astre, attendu qu'aucun n'est assez proche de la Terre pour avoir permis des mesures susceptibles d'une telle approximation. Aristarque de Samos lui-même avait bien essayé de déterminer la distance du Soleil en prenant pour base du triangle le rayon de l'orbite lunaire. Au moment du premier quartier ou du dernier, alors que la Lune se trouve juste à angle droit avec la Terre et le Soleil, il mesure l'angle que forme la Terre avec la Lune et le Soleil, tous deux sur l'horizon. Il construit de la sorte un triangle dont il mesure les trois angles et un côté, et obtient la valeur des deux autres côtés. L'hypoténuse est la distance de la Terre au Soleil; mais comme il est impossible de constater exactement l'instant précis de la quadrature, la méthode, quelque géométrique qu'elle soit en théorie, ne peut donner aucun résultat digne de confiance; aussi la distance du Soleil n'a-t-elle jamais pu en être conclue, même approximativement. Il évaluait l'angle de la Terre à la dichotomie à 87°, tandis qu'il est presque de 90 degrés (89° 50′), et concluait pour la distance du Soleil dix-neuf fois celle de la Lune. En réalité elle est près de 400.

On trouve dans l'Ouvrage de Copernic (*De Revolutionibus orbium cœlestium*), édition de 1617, la comparaison des mesures prises jusqu'alors sur la distance du Soleil. Copernic adopte la distance de la Lune d'Hipparque et de Ptolémée, rapportée plus haut, comme variant entre 28 et 32 diamètres terrestres. Son calcul

de la distance du Soleil lui donne 589 diamètres terrestres. Celui de Ptolémée avait donné 605; celui d'Al-
bategnius 573. Tycho Brahé trouva 591. Ces mesures
étaient prises par l'intermédiaire de la Lune et des
éclipses, méthode défectueuse, ne pouvant amener aucun
bon résultat. En réalité, la distance du Soleil est de près
de 12000 diamètres terrestres.

Kepler tripla la distance admise par Copernic, mais
en partant de simples considérations théoriques et
sans calcul direct. Hévélius augmenta de moitié la distance de Kepler, et Riccioli la doubla. On ne savait
toujours rien d'exact sur ce point au XVII° siècle.

En se servant de la planète Mars pour former le
triangle, on obtint, dans les différentes oppositions de
la planète, de 1704 à 1751, des parallaxes solaires variant entre 12 et 9 secondes, qui donnaient pour la distance du Soleil des valeurs comprises entre 8000 et
11000 diamètres terrestres.

C'est en 1752 que Lacaille, observant au Cap de
Bonne-Espérance, et Lalande à Berlin, déterminèrent
définitivement la distance de la Lune et ses dimensions.

La distance du Soleil continua d'être le point de
mire des recherches des astronomes. On ne fit aucun
progrès jusqu'au passage de Vénus de 1761. Les observations de ce passage, faites au Cap de Bonne-Espérance, en Laponie, et à Tobolsk en Sibérie donnèrent
pour l'angle qui sous-tend la Terre, vu du Soleil et à
la distance moyenne, une valeur d'environ 9 secondes,
sans offrir les caractères d'une précision satisfaisante.

Jusqu'en 1769, les astronomes, admettant cette valeur, considérèrent la distance du Soleil comme étant de 33 millions de lieues environ.

Le fameux passage de 1769 abaissa l'angle à 8″,58. Cette valeur correspond à 23984 demi-diamètres de la Terre. Comme la lieue était alors de 2283 toises, on en conclut la distance du Soleil de 34 millions de lieues.

C'est le nombre qui a été imprimé dans tous les Traités d'Astronomie jusque vers 1830, époque à laquelle on songea seulement à le corriger d'après le système métrique établi en 1795. Un grand nombre de traités continuèrent même depuis à garder le même chiffre. En réalité, ces 34 millions d'anciennes lieues font 38 millions de lieues de 4 kilomètres.

Aujourd'hui le chiffre de 38 millions de lieues est dans tous les Livres d'Astronomie.

En se servant d'une voie bien différente des mesures précédentes, par l'examen minutieux des perturbations de la Lune, Laplace a obtenu la valeur de 8″,61 pour la parallaxe solaire, valeur qui diffère peu de la précédente pour la distance du Soleil.

Par une voie bien différente aussi des précédentes, par une détermination directe de la vitesse de la lumière, Léon Foucault a trouvé, en 1862, que cette fameuse parallaxe devait être élevée à 8″,86. Il en résulterait que la distance en question devrait être ramenée au-dessous de 37 millions de lieues.

M. Simon Newcomb, astronome des États-Unis, a examiné avec un soin extrême en 1865 les observations de Mars faites pendant l'opposition de 1862 dans les différents observatoires de l'hémisphère nord de la Terre (Pétersbourg, Londres, Washington, Helsingfords, etc.) et de l'hémisphère sud (Bonne-Espérance, Santiago, Williamstown) et en a conclu une parallaxe solaire de 8″,85.

MM. Winnecke, d'après les observations de Mars (8″96); Hansen, d'après l'équation parallactique de la Lune (8″,92); Stone, par Mars (8″,93); Le Verrier, d'après les mouvements de Mars, Vénus et la Lune (8″95), et une discussion nouvelle des passages de Vénus de 1769, s'accordent à attribuer décidément à la parallaxe solaire la valeur 8″,91.

Cette dernière valeur correspond à 148 millions de kilomètres ou 37 millions de lieues.

C'est cette valeur que l'on va vérifier. Avec la précision des méthodes d'observation que nous possédons aujourd'hui, on est assuré d'obtenir par le prochain passage de 1874 le nombre cherché à $\frac{1}{500}$ d'approximation; c'est-à-dire que la distance de la Terre au Soleil sera désormais connue, à 75000 lieues près.

II.

LA MÉTHODE DES PASSAGES DE VÉNUS.

Le 8 décembre 1874, la planète Vénus, qui circule autour du Soleil sur une orbite intérieure à celle de la Terre, se trouvera juste entre le Soleil et nous, et se dessinera sur le disque de l'astre radieux comme un point noir traversant l'astre en quatre heures environ. Ce passage étant de la plus haute importance pour calculer avec la plus grande précision possible la distance exacte du Soleil à la Terre, les astronomes ont déterminé avec soin les lieux du globe qni se trouveront le mieux situés pour cette observation, et des différents gouvernements de l'Europe seront envoyées des missions scientifiques spéciales pour l'étude de ce mouvement céleste.

Avant d'examiner nous-mêmes ici le caractère particulier du prochain passage de Vénus sur le Soleil, il importe d'abord de nous rendre compte de son utilité générale, et de voir comment ces passages servent à la mesure de la distance du Soleil à la Terre.

Chacun sait que l'on peut mesurer, sur la terre, la distance d'un point à un autre point inaccessible. Si, par exemple, d'un lieu quelconque d'une plaine nous voulons mesurer la distance d'une tour éloignée, dont un obstacle quelconque nous sépare, comme nous ne pouvons la mesurer directement au décamètre, il faut prendre un autre moyen. Pour cela, on choisit sur le

terrain un autre point que celui dont on veut connaître la distance à la tour, autre point d'où l'on voie à
la fois le premier et le second. On mesure l'angle que
fait la tour avec chacun des deux points marqués sur le
terrain et la distance qui sépare ces deux mêmes points.
On a de la sorte un triangle que l'on peut tracer sur
le papier, dans lequel on connaît deux angles et un
côté. Une simple formule de Trigonométrie permet d'obtenir la longueur des deux autres côtés.

Cette simple méthode d'arpenteur donne une idée
exacte de la méthode employée pour mesurer la distance de la Terre à l'un des points inaccessibles du
Ciel.

Pour mesurer la distance d'ici à la Lune, deux observateurs se placent à une grande distance (plusieurs
milliers de lieues) l'un de l'autre sur la Terre, et me-
surent l'angle que le point où se trouve chacun d'eux
fait avec la Lune et la ligne droite qui, passant à travers
la Terre, réunirait les deux stations d'observation. On
constate de cette façon que la distance d'ici à la Lune
est 3o fois plus grande que le diamètre de la Terre.
C'est ce qu'ont fait Lalande et Lacaille au siècle dernier, l'un étant à Berlin, et l'autre au Cap de Bonne-
Espérance, lorsqu'ils ont définitivement complété les
mesures prises par les astronomes des siècles précédents.

Pour mesurer la distance d'ici au Soleil, on ne peut
mettre les deux points d'observation sur la Terre, parce
que la plus grande longueur que l'on puisse prendre
pour base ici, le diamètre entier de la Terre, est si
petite relativement à la distance du Soleil, que les lignes

allant du Soleil à chacune de ces extrémités sont parallèles et se touchent, et que les angles mesurés sont des angles droits! D'ici à l'astre du jour il y a près de douze mille fois le diamètre de la Terre!

Il a donc fallu tourner la difficulté, et c'est ce qu'a fait l'astronome Halley en proposant d'employer pour cette mesure les passages de Vénus sur le disque solaire.

Cette méthode consiste à constater que pour deux observateurs assez éloignés l'un de l'autre, Vénus n'occupe pas le même point sur le Soleil, et à mesurer la distance des deux points sur lesquels elle se [projette pour les deux observateurs.

Soient, dans cette figure, le grand cercle S le Soleil, le petit.cercle T la Terre, et V le point où se trouve Vénus dans un moment de son passage devant le Soleil.

Fig. 1.

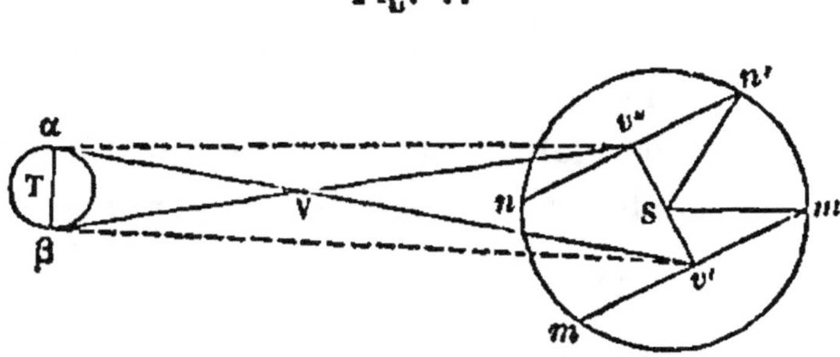

Soient α, β deux observateurs placés à la surface de la Terre; pour l'un, α, Vénus V parcourt sur le Soleil la corde *mm′*, tandis qu'elle parcourt, pour l'autre, β, la corde *nn′*. Les durées des passages fourniront les longueurs des deux cordes, par conséquent aussi l'arc *v′ v″*

qui sépare ces cordes ; car si l'on nomme cc' les longueurs des deux cordes exprimées en arcs de grand cercle et d le demi-diamètre du Soleil, on aura par les triangles rectangles $S v'm'$, $S v''n'$,

$$S v' = \sqrt{d^2 - c^2}, \quad S v'' = \sqrt{d^2 - c'^2};$$

d'où

$$v' v'' = \sqrt{d^2 - c^2} + \sqrt{d^2 - c'^2}.$$

Joignez les points α et β aux points v'' et v', la longueur calculée de $v'v''$ mesurera les deux angles égaux $v''\alpha v'$ et $v''\beta v'$, qui seraient nuls évidemment si la parallaxe de Vénus était la même que celle du Soleil, et dont la valeur se trouvera en rapport avec la parallaxe de la planète. Mesurer $v' v''$ ou les angles α, β, c'est donc mesurer indirectement la parallaxe de Vénus. Après quoi, dans l'un des deux triangles $\alpha V v''$ ou $\beta V v'$, on a l'angle extérieur $V = \alpha + v'' = \beta + v'$; et si l'on remplace ces angles (très-petits) par leurs tangentes trigonométriques (tang α ou tang β, quantité connue, puisque les angles α et β sont donnés par la corde

$$(v' v'') = \text{tang } V - \text{tang } v' = \frac{\alpha\beta}{\alpha' - \alpha} - \frac{\alpha\beta}{\alpha'}.$$

La troisième loi de Kepler nous permet de former une seconde équation, et ainsi les deux inconnues, la distance de la Terre et celle de Vénus au Soleil, pourront être obtenues :

$$\frac{\alpha'}{\alpha} = \sqrt[3]{\frac{T'^2}{T^2}}.$$

Comme d'ailleurs la distance rectiligne $\alpha\beta$ des deux observateurs α et β est aussi connue, les équations précédentes fourniront les valeurs des distances moyennes de Vénus et de la Terre au Soleil.

Il est bon de remarquer, au reste, que la méthode est susceptible d'une grande précision ; car l'effet de la parallaxe pouvant produire, d'après les calculs de Delambre, près de 3o minutes de différence dans les durées observées du passage pour deux observateurs convenablement situés à la distance de la Terre, si l'on saisit l'entrée et la sortie à 4 ou 5 secondes de temps près, l'erreur maxima sur la différence ne s'élèvera qu'à 20 secondes ou à la quatre-vingt-dixième partie de cette différence ; erreur qui, réagissant à son tour pour $\frac{1}{00}$ environ sur la parallaxe (8 à 9 secondes) du Soleil, donnerait celle-ci à $\frac{1}{00}$ près de 8 ou 9 secondes, c'est-à-dire à $\frac{1}{10}$ de seconde près.

En réalité, suivant les conbinaisons des observations deux à deux, les valeurs trouvées par les passages de 1761 à 1769 présentent des discordances bien plus considérables ; mais aussi les stations n'avaient pu être choisies de manière à produire l'effet *maximum*, car les différences de durée n'atteignirent guère que 22 à 23 minutes, et le voisinage de l'horizon nuisit en outre à plusieurs observations.

Cette méthode fut proposée en 1725 par Halley. Son avantage le plus précieux, c'est de n'exiger pour les observations en α et en β qu'une bonne lunette et une horloge astronomique ; c'est de rendre inutile l'emploi des instruments gradués, auxquels on ne peut se fier, quand on vise à une grande précision, qu'alors seulement que leurs dimensions sont considérables, ce qui les rend peu portatifs.

En outre de cette méthode, fondée sur la différence des durées du passage observées dans deux stations, on peut aussi employer une autre méthode (celle de Delisle), fondée sur la différence des heures auxquelles Vénus a paru *entrer* sur le Soleil dans les deux stations, ou de la différence des heures auxquelles elle a paru en *sortir*; dans ce cas, il convient de choisir les lieux d'observation de manière que la différence des heures d'entrée ou celle des heures de sortie soit la plus grande possible.

Les astronomes anglais proposent d'employer la première pour l'observation à faire au prochain passage de Vénus, en 1874; le Bureau des Longitudes de France propose de préférence la seconde.

Après combien d'années se succèdent les passages de Vénus sur le Soleil qui sont propres à la détermination de la parallaxe solaire?

Si Vénus se mouvait dans le plan de l'écliptique, elle se projetterait sur le Soleil dans toutes ses conjonctions inférieures; mais, le plan de l'orbite de la planète étant incliné de $3°24'$ au plan de l'écliptique, Vénus se trouve au-dessus du Soleil ou au-dessous presque toutes les fois qu'elle passe entre le Soleil et la Terre. Ce n'est que dans les conjonctions qui arrivent lorsque la planète est près de l'écliptique, c'est-à-dire de l'un des nœuds de son orbite, qu'elle peut se projeter sur le disque solaire; cherchons les intervalles qui séparent ces conjonctions écliptiques.

Supposons que Vénus, alors située dans le voisinage de l'un des nœuds de son orbite, se projette sur le Soleil. Pour déterminer quand ce phénomène se reproduira, il faut savoir après combien de temps la Terre et la planète reviendront dans la même position relativement au Soleil. Or 8 révolutions de la Terre valent à peu près 13 révolutions de Vénus; 235 révolutions de la Terre sont sensiblement égales à 382 révolutions de Vénus. Tous les multiples inférieurs à 235 pour la Terre n'amèneraient pas, quelque nombre qu'on choisît pour les révolutions de Vénus, une conjonction écliptique de cette planète. De là on conclut qu'un passage de Vénus, *correspondant au même nœud,* peut avoir lieu après un intervalle de 8 ans, et, cette période écoulée, il ne peut arriver qu'au bout de 235 années.

La Terre, vue du Soleil, paraît actuellement dans les deux nœuds de l'orbite de Vénus, en décembre et en juin; ce sera donc à ces deux époques de l'année que, pendant des centaines de siècles, on observera les passages de Vénus.

Le nœud ascendant de Vénus ayant pour longitude 75 degrés lorsque la Terre est en conjonction avec lui, la longitude géocentrique de ce point est évidemment de 180° + 75, c'est-à-dire de 255 degrés. Dans les mêmes conditions, la longitude géocentrique du nœud descendant sera de 75 degrés; mais, à cause de l'inclinaison de l'orbite de la planète sur le plan de l'écliptique, les passages ne peuvent se produire que dans les conjonctions inférieures, voisines des nœuds; ils n'ont lieu, par conséquent, que dans les conjonctions pour lesquelles la longitude du Soleil est elle-même voisine de 255 ou de 75 degrés. Ces longitudes solaires répondent aux mois de décembre et de juin, qui sont en effet les seuls où l'on observe des passages de Vénus. Les passages au nœud ascendant ont lieu en décembre; les passages au nœud descendant en juin.

Connaissant la durée de la révolution synodique de Vénus ou le temps que met la planète à revenir en conjonction avec le Soleil, durée qui est de 584 jours, il est facile de trouver toutes les conjonctions : on choisit celles qui se produisent dans le voisinage des nœuds, c'est-à-dire dans les mois de décembre et de juin, et, en les calculant avec soin, on reconnaît si la latitude géocentrique, à la conjonction, n'excède pas le demi-diamètre apparent du Soleil, et, dans ce cas, Vénus passe sur le disque solaire.

Dans une révolution synodique de 584 jours, le Soleil parcourt sur l'écliptique une circonférence entière, plus 216 degrés ; ainsi, une conjonction ayant eu lieu en un certain point de l'écliptique, la première conjonction qui suivra aura lieu à 216 degrés plus loin ; la seconde à 432 degrés plus loin, etc., et la cinquième aura lieu à $216° \times 5 = 360° \times 3$ du point de départ, c'est-à-dire qu'elle répondra à la même longitude que la première. Dans l'intervalle de cinq conjonctions il s'est écoulé $584^j \times 5 = 2920^j = 365^j \times 8$, c'est-à-dire 8 années de 365 jours. Si l'on suppose, d'après cela, qu'il y ait une conjonction inférieure, quand la planète était dans son nœud, à cette conjonction répondra un passage. 8 ans après, la conjonction aura lieu sensiblement dans les mêmes circonstances, avec cette diffé-

rence que la planète aura cette fois une latitude appréciable, mais qui sera encore assez petite pour que le
passage se produise. Après une nouvelle période de
8 ans, la latitude de la planète à la conjonction aura
encore augmenté, et cette augmentation sera alors
suffisante pour empêcher le passage d'avoir lieu.

Ainsi, si le plan dans lequel l'orbite de Vénus est
contenu coïncidait avec le plan de l'écliptique, dans
chacun des passages de la digression orientale à la digression occidentale, on verrait toujours la planète se
projeter sur le Soleil. Mais nous avons vu que le plan
de l'orbite de Vénus fait avec le plan de l'écliptique
un angle de 3°24′ environ, et il est évident que la projection de la planète sur le disque solaire ne peut avoir
lieu qu'autant que sa latitude, pendant les conjonctions
inférieures, est plus petite que le demi-diamètre du
Soleil. On conçoit donc qu'il n'y a que certaines conjonction qui puissent produire des passages de Vénus.
Une fois qu'il y en a un, on peut en attendre un autre
8 ans après, selon les calculs que nous venons d'indiquer. Il y a une différence de 40 à 48 minutes en
16 ans, ce qui surpasse le demi-diamètre du Soleil. On
ne peut donc jamais avoir trois passages successifs en
16 ans.

Si, au lieu de considérer les passages aux mêmes
nœuds, on considère ceux des deux nœuds, on peut
prendre, au lieu de 8 et 235, une période de 112 ans
et demi + ou − 8 ans. Ainsi, juin 1761 + 8 = juin 1769;
juin 1769 + 112 et demi − 8 = décembre 1874; décembre 1874 + 8 = décembre 1882, etc.

Voici les dates des passages depuis l'invention des

lunettes jusqu'à l'an 3000, date déjà bien avancée dans l'avenir pour nous, et à laquelle nous serons sans doute bien loin de la Terre et de Vénus.

			h m s	Durée. h m
	1631.	6 décembre.....	17.28.49	3.10
235 ans.	1639.	4 décembre.....	6. 9.40	6.34
	1761.	5 juin	17.44.34	6.16
	1769.	3 juin	10. 7.54	4. 0
	1874.	8 décembre.....	16.17.44	4.11
	1882.	6 décembre.....	4.25.44	6. 3
235 ans.	2004.	7 juin..........	21. 0.44	5.30
	2012.	5 juin..........	13.27. 0	6.42
	2117.	10 décembre.....	15. 6.37	4.46
	2125.	8 décembre.....	3.18.40	5.37
235 ans.	2247.	11 juin.........	0.30.23	4.16
	2255.	8 juin..........	16.53.56	7.12
	2360.	12 décembre.....	13.59. 9	5.25
	2368.	10 décembre.....	2.10. 2	4.59
235 ans.	2490.	12 juin.........	3.58.35	2. 4
	2498.	9 juin..........	20.21. 2	7.33
	2603.	15 décembre.....	12.54.16	5.53
	2611.	13 décembre.....	1.11.12	4.30
235 ans.	2733.	15 juin.........	7.23.56	courte
	2741.	12 juin.........	23.43.59	7.46
	2846.	16 décembre.....	11.53.15	6.14
	2854.	14 décembre.....	0.13.29	3.48
	2984.	14 juin..........	3. 2.22	7.52

III.

LES ANCIENS PASSAGES DE VÉNUS.

Ces passages de Vénus si célèbres ont été longtemps ignorés ; jamais on n'avait vu Vénus causer une éclipse partielle du Soleil : quelques-uns en concluaient qu'elle passait au-dessus. Dans le système de Ptolémée, elle devait pourtant passer entre le Soleil et nous ; mais, comme on n'avait pas de lunette, on n'observait guère Vénus que vers les plus grandes digressions ; rien n'attirait l'attention sur un phénomène possible, à la vérité, mais que personne n'avait jamais observé.

On ne songea pas d'abord à cet avantage particulier pour déterminer les parallaxes de Vénus, du Soleil et de toutes les planètes ; car, une seule de ces parallaxes étant connue, toutes les autres en découlent. Kepler, qui en fit la première prédiction, n'y voyait qu'un phénomène rare et jusqu'alors inaperçu : Halley fut le premier qui, annonçant aux astronomes les passages qui devaient avoir lieu en 1761 et en 1769, les avertit des conséquences qu'ils en pourraient tirer (il pria la postérité de se souvenir que c'était un Anglais qui avait eu cette idée) ; il indiqua même quels lieux seraient plus favorables à l'observation.

Ces deux passages furent les premiers observés scientifiquement. Ceux de 1631 et 1639 l'avaient été par simple curiosité. Les astronomes anglais Horrokes et Crabtree examinèrent en particulier, près de Liverpool, avec beaucoup d'attention, les circonstances du passage de 1639. L'enthousiasme du premier de ces astronomes s'épancha même en un dithyrambe mythologique dans lequel il célébrait l'union de Vénus avec le dieu du jour.

Les passages du siècle dernier sont fameux dans l'histoire de l'Astronomie ; la plupart des souverains et des Académies de l'Europe organisèrent des voyages dans des lieux éloignés et désignés d'avance où l'effet de la parallaxe sur les apparences du phénomène devait être le plus considérable, et ces voyages, surtout en 1769, s'accomplirent à la satisfaction générale des astronomes du temps.

On croyait alors la parallaxe solaire de 10 secondes, correspondant à une distance de la Terre au Soleil égale à 19871 rayons terrestres ; et nous avons vu que les observations du passage de 1761, faites au Cap de Bonne-Espérance, en Laponie et à Tobolsk en Sibérie, donnèrent pour l'angle que sous-tend le rayon de la Terre, vu du Soleil à la distance moyenne, une valeur d'environ 9 secondes.

En 1769, Cook et l'astronome Green allèrent à Otaïti, dans la mer du Sud ; Dymont et Wales prirent leurs stations dans le nord de l'Amérique, près de la baie d'Hudson ; Call à Madras, dans la presqu'île de l'Inde. L'Académie de Pétersbourg envoya des astronomes dans divers points de la Laponie russe. Le père Hell, astronome allemand, alla, au nom du roi de Danemark, observer à Wardhus, extrémité septentrionale de notre continent, et Planman, suédois, observa à Cajanebourg, dans la Finlande.

Stockholm, Copenhague, Londres, Paris, Madrid, Maroc voyaient l'entrée vers le coucher, mais ils ne pouvaient observer la sortie.

A l'Observatoire de Paris, Cassini et les astronomes ont observé l'entrée à $7^h 38^m 50^s$.

Les résultats comparés de deux observations faites dans des lieux éloignés suffirent à la détermination de la parallaxe solaire. Voici les nombres obtenus par diverses combinaisons.

Taïti et Wardhus, 8″,71; — Taïti et Kola, 8″,55; — Taïti et Cajanebourg, 8″,39; — Taïti et la baie d'Hudson, 8″,50; — Taïti et Paris, 8″,78; — Californie et Wardhus, 8″,62; — Californie et Kola, 8″,39.

La moyenne des observations donna 8″,59, angle qui correspond à une distance de 23 980 rayons terrestres ou 38 238 000 lieues.

Cette distance, adoptée depuis le commencement de ce siècle, est celle que l'on enseigne dans les écoles. Depuis quelques années, cependant, une nouvelle discussion des résultats du passage de 1769, les recherches de Foucault sur la vitesse de la lumière, et des calculs sur les masses du système ont, comme nous l'avons dit en commençant cette étude, porté cette valeur à 8″91, qui correspond à 23 200 rayons de l'équateur ou 37 000 000 de lieues.

De toutes les expéditions envoyées pour cette étude, celle qui est restée la plus célèbre est sans contredit celle de l'astronome Legentil, de l'Académie des Sciences, non par les résultats qu'elle a fournis, mais par la singulière déconvenue de ce nouveau chevalier errant. Plein de dévouement à la science, il avait accepté la mission de faire le voyage de Pondichéry, lieu très-favorable pour l'observation.

Parti longtemps à l'avance, après mille préparatifs, il n'arriva qu'*après* le passage de 1761! La vapeur n'était pas alors au service de l'homme, et les hasards de la mer ne le conduisirent au port que lorsque le voyage devenait inutile.... S'armant alors d'une décision et d'une persévérance rares, il résolut de rester dans ce pays, inconnu pour lui, et d'y attendre le passage suivant, qui devait avoir lieu en 1769. Cette fois, par une autre cause, il ne fut pas plus heureux. Il a raconté lui-même en termes émouvants l'histoire de son mécompte. A son retour en France, il publia son *Voyage dans les mers de l'Inde, fait par ordre du roi, à l'occasion du passage de Vénus sur le disque du Soleil, le 6 juin 1761, et le 3 du même mois 1769* (2 forts volumes in-4°; Paris, Imprimerie royale, 1779). Dans ce vaste Ouvrage, il n'est presque pas question de Vénus, puisque le mauvais sort voulut que le retard de la traversée ait empêché l'observation du passage de 1761, et que les nuages aient empêché celle du second.

Je ne puis m'empêcher d'offrir ici un extrait curieux des Mémoires de ce pauvre astronome. La saison, ordinairement excellente à Pondichéry, l'avait été cette année comme de coutume. Le mois de mai, entre autres, avait été magnifique, et donnait au cœur de l'astronome une espérance sans nuage. Le passage devait avoir lieu, en temps astronomique, le 3, de 15 à 19 heures, c'est-à-dire de 3 à 7 heures après minuit ou, en temps civil, le 4, de 3 à 7 heures du matin. La journée du 3 resta belle. Le soir, il observa l'émersion du premier satellite de Jupiter.

A 10 heures du soir, continuation de beau temps, lit-on sur le journal de chaque jour. L'astronome se couche lorsque la dernière installation est faite. « Le dimanche 4, dit-il, m'étant éveillé à 2 heures du matin, j'ai entendu la barre de sud-est, ce qui me fit croire que la brise était toujours de ce côté, ou du moins qu'elle en soufflerait le matin; j'en tirai un bon augure, parce que je savais que le vent du S.-E. est le balai de la côte, et qu'il amène toujours la sérénité; mais la curiosité m'ayant porté à me lever un moment après, je vis avec le plus grand étonnement que le ciel était pris partout, surtout dans le nord et le nord-est, où il éclairait; avec cela, il faisait un calme profond. Dès cet instant, je me suis condamné; je me jetai sur mon lit, sans pouvoir fermer l'œil. A 4 heures, on n'entendait plus la barre du sud-est, mais celle du nord-est: ce fut un autre fort mauvais présage pour moi. En effet, m'étant levé une seconde fois, je vis toujours le même temps: le nord-est était encore plus chargé.

» A 5 heures, le vent souffla tant soit peu du sud-ouest, ce qui me redonna une lueur d'espérance, d'autant mieux que la partie du sud à l'est était un peu claire; je crus donc que la brise pourrait tourner de ce côté, et qu'elle balayerait le ciel; cependant le nord et le nord-est menaçaient continuellement; les nuages n'avaient aucun mouvement, et l'on entendait toujours la barre du nord-est; de sorte que j'étais entre la crainte et l'espérance. Mais cet état d'incertitude ne dura pas longtemps : peu à peu les vents passèrent à l'ouest, au nord-ouest et au nord ; en moins de sept à huit minutes, le temps se trouva bouché comme aux approches d'un coup de vent ; du nord, les vents passèrent au nord-nord-est et au nord-est.

» A 5ʰ 3oᵐ, ils soufflèrent avec furie ; les gros nuages, qui jusqu'alors s'étaient tenus immobiles dans le nord-est, commencèrent à se mettre en mouvement. La mer était blanche d'écume et l'air obscurci par les tourbillons de sable et de poussière que la force du vent tenait continuellement élevés. Ce terrible grain dura jusqu'à 6 heures environ ; le vent tomba, mais les nuages restèrent. A 7 heures moins trois à quatre minutes, moment à peu près que Vénus devait sortir, on vit au ciel une légère blancheur qui fit soupçonner où était le Soleil ; dans la lunette on ne distinguait rien.

» Peu à peu les vents passèrent à l'est et au sud-est, les nuages s'éclaircirent, et on vit le Soleil fort brillant : on ne cessa point de le voir tout le reste de la journée !

» Le 5, le Soleil se leva de toute beauté, et la journée fut magnifique. Il en fut de même le 6 ; la brise de terre fut forte et chaude : le thermomètre monta à 36 degrés. A 1 1ʰ 3oᵐ, la brise du large repoussa celle de terre. Orages le soir, sans pluie.

» Le 7 et le 8, il fit le même temps ; en sorte qu'il semble que la matinée du 4 *eût été faite exprès :* c'est, en effet, un phénomène bien singulier et bien rare à la côte de Coromandel d'avoir éprouvé, pendant la force de la mousson du sud et des vents de terre, une révolution des vents de nord-est, et une espèce de coup de vent de cette partie, qui dura deux heures au plus.

» A Madras on ne fut pas plus heureux. M. Call, l'ingénieur, qui jouait alors un très-grand rôle dans l'Inde, avait été chargé par M. Masqueline de faire l'observation du passage de Vénus; on lui avait envoyé des instruments en conséquence et une instruction imprimée. M. Call n'avait point d'observatoire; il s'était établi comme il avait pu sur une algamace, ou plate-forme d'une maison, sous une tente. Il avait eu grand soin de régler ses pendules par des hauteurs correspondantes du Soleil; tous les autres instruments nécessaires pour l'observation, télescopes, lunettes achromatiques, etc., étaient placés sous la tente et en état. Les observateurs dormaient tranquillement, lorsqu'ils furent réveillés par une pluie des plus abondantes et par un vent impétueux qui emporta la tente et renversa une partie des instruments.

» M. Call fut on ne peut plus pénétré du mauvais succès de ses peines; il en écrivit une lettre à M. Law, pleine de lamentations.

» Pour moi, *je ne pouvais revenir de mon étonnement;* j'avais peine à me figurer que le passage de Vénus fût enfin passé. J'ai toujours été incrédule sur les prétendus effets des nouvelles et des pleines lunes. Il arriva une éclipse de Soleil ce même jour : j'aurais été presque porté à croire que cet ouragan était l'effet de cette éclipse; mais, si cela était vrai, il eût fallu que cet effet eût eu lieu dans tous les autres endroits où s'étaient placés des observateurs; car pourquoi aurait-il eu lieu seulement le long de la côte de Coromandel et du Carnate, pendant qu'il a fait beau à Manille, à Otaïti, à la Californie, etc.?

» D'autres fois, je pensais que quelque contre-temps à peu près pareil avait fait imaginer à Manès son système (ridicule à la vérité) des deux principes ; car, après avoir été témoin du beau temps qu'il avait fait le matin pendant près d'un mois, et de celui qu'il continua de faire plus d'un mois encore après, on eût été tenté de penser que la matinée du 4 juin avait été faite exprès pour mortifier les observateurs placés le long de cette côte!

» Enfin je fus plus de quinze jours dans un abattement singulier, à n'avoir presque pas le courage de prendre la plume pour continuer mon journal, et elle me tomba plusieurs fois des mains lorsque le moment vint d'annoncer en France le sort de mon opération. »

La mésaventure du pauvre astronome devait être complète. Pendant qu'il attendait ainsi patiemment huit longues années le phénomène que la mauvaise fortune devait encore lui cacher, l'Académie des Sciences, ne recevant pas de ses nouvelles et ne sachant ce qu'il était devenu, surtout à cause de la guerre des Anglais, fut convaincue qu'il était mort, et le remplaça! Un de ses amis confisqua son patrimoine par la même occasion, et à son retour il lui fut impossible de l'arracher. Legentil de la Galaisière mourut en 1792.

L'abbé Chappe d'Auteroche, qui était allé en Sibérie observer le passage de 1761, alla en Californie observer celui de 1769, et y mourut de la fièvre jaune deux mois après, âgé de quarante et un ans.

IV. 2

IV.

LE PROCHAIN PASSAGE DE VÉNUS.

Nous venons de voir que la méthode la meilleure pour déterminer les distances du Soleil à la Terre réside dans l'observation du passage de la planète Vénus sur le disque solaire; nous avons vu également les époques auxquelles ces passages précieux doivent arriver.

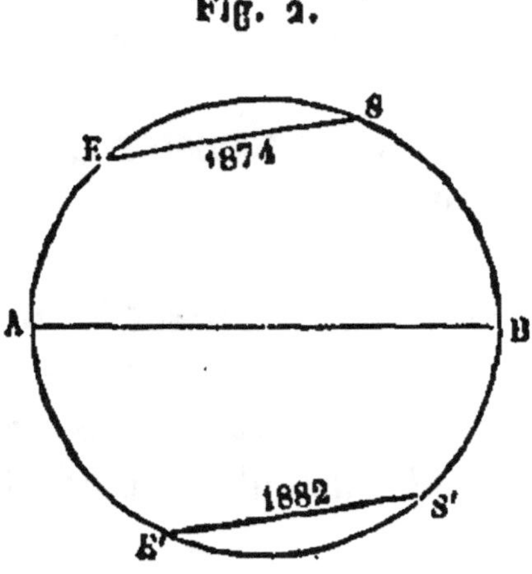

Fig. 2.

Les calculs astronomiques fixent le prochain à la nuit du 8 au 9 décembre 1874, de 2 heures à 6 heures du matin en temps de Paris, c'est-à-dire de 14 heures à 18 heures en temps astronomique, compté à partir de midi.

Voici les circonstances du phénomène pour un observateur supposé au centre de la Terre :

1874, *décembre 8. Temps moyen de Paris.*

	h	m	s
Entrée du *centre* de Vénus sur le disque du Soleil.	14	10	15
Sortie du *centre* de Vénus	18	21	57
Durée du passage du *centre*	4	11	42

Dans la figure qui précède, le cercle représente le disque du Soleil ; AB est le diamètre de ce disque situé dans le plan de l'écliptique, A étant l'extrémité orientale ; ES est la ligne sensiblement droite que le centre de Vénus décrit pendant le passage et qui est parcourue dans le sens ES ; les arcs AE et AS sont respectivement de 48° 52' et 112° 54'.

Voici maintenant les circonstances du phénomène pour un observateur placé à la surface de la Terre :

En négligeant l'aplatissement de la Terre et quelques autres petites quantités, on obtient les formules approchées qui suivent pour représenter les circonstances du passage du centre de Vénus sur le disque du Soleil, telles qu'elles seront vues d'un point M de la surface de la Terre.

Appelons A, A', A″ trois points du globe dont les coordonnées géographiques ont les valeurs suivantes :

	Longitude occidentale.	Latitude.
A	155°23'0	78°21'4 N.
A'	144. 3.5	39.20.9 N.
A″	136.34.4	61.54.8 S.

Si l'on désigne par AM, A'M, A"M les arcs de grand cercle qui, sur la surface de la Terre supposée sphérique, joignent le point M aux trois points A, A', A", et par B, B', B" les points qui sont antipodes respectivement de A, A', A", on calcule que la durée du passage aura au point A sa valeur maximum, $4^h 31^m 3^s$, et au point B sa valeur minimum, $3^h 56^m 7^s$, inférieure de $34^m 6^s$ à la première : elle sera constante le long de chacun des petits cercles qui ont pour pôles les points A et B.

Pareillement; c'est au point A' que répondra l'entrée la plus hâtive, à $13^h 52^m 7^s$, et c'est au point B' que répondra l'entrée la plus tardive, à $14^h 15^m 1^s$: différence, $22^m 4^s$. Pour tous les points d'un petit cercle quelconque ayant les points A' et B' pour pôles, l'entrée sera vue à la même heure.

Enfin la sortie la plus hâtive répondra au point A", à $18^h 6^m 7^s$, et la plus tardive au point B", à $18^h 29^m 1^s$: différence, $22^m 4^s$. La sortie sera vue à la même heure tout le long d'un petit cercle quelconque ayant les points A" et B" pour pôles.

Si le Soleil était visible à la fois de tous les points de la surface de la Terre, et si cette surface était partout solide, c'est aux deux points opposés A et B qu'il faudrait aller s'établir pour observer des passages dont les durées fussent aussi différentes que possible, et l'on se trouverait ainsi dans les conditions les plus favorables à l'emploi de la méthode de Halley ; mais le choix des stations propres à l'application de cette méthode doit satisfaire à une double condition : il faut d'abord qu'elles soient sur la terre ferme et non pas en mer ; il est nécessaire, en outre, qu'il y fasse jour au moment de l'entrée et à celui de la sortie.

· M. Puiseux a tracé sur le planisphère le grand cercle formé par tous les points qui, le 8 décembre 1874, ont le Soleil à leur horizon à $14^h 10^m 15^s$, et aussi le grand cercle formé par les points qui, le même jour, ont le Soleil à leur horizon à $18^h 21^m 57^s$. Ces deux grands cercles divisent la sphère en quatre fuseaux : dans un de ces fuseaux, le Soleil est couché soit au moment de l'entrée, soit à celui de la sortie; dans un autre, le Soleil est levé à l'entrée et couché à la sortie; dans un troisième, le Soleil est couché à l'entrée et levé à la sortie; enfin, dans le quatrième, le Soleil est sur l'horizon à l'entrée et à la sortie (*voir* la Carte, p. 36).

Ce dernier fuseau est lui-même partagé en deux parties très-inégales par le parallèle mené dans l'hémisphère austral tangentiellement aux deux grands cercles. Dans la plus grande partie, qu'on a laissée *en blanc* sur la carte, le Soleil reste sur l'horizon pendant tout le passage; mais dans la plus petite le Soleil se couche après l'entrée et se lève avant la sortie.

Pour pouvoir observer des passages complets, il faut donc rester dans le fuseau blanc de la Carte, en évitant de se placer près des bords, afin de n'avoir pas le Soleil trop bas au moment de l'observation, et dans cette région on devra chercher, soit sur les continents, soit dans les îles, des stations qui soient aussi voisines que possible les unes du point A, les autres du point B.

Le point A se trouve vers le sommet de notre Carte, à droite du 150ᵉ degré de longitude occidentale. Le point B n'a pu entrer dans la Carte et doit être supposé au-dessous de la terre d'Enderby. Dans cette Carte, la teinte grise, formée de hachures horizontales et qui en occupe la plus grande partie, montre les pays qui auront le Soleil *au-dessous de l'horizon* pendant le passage. La teinte plus claire, qui monte à travers l'Afrique, l'Arabie et la Perse, indique les pays qui ont le Soleil *sur* l'horizon à la sortie, mais couché à l'entrée. La teinte formée de hachures verticales, et qui traverse l'Océan, de la Sibérie au cercle antarctique, montre les lieux qui ont le Soleil *sur* l'horizon à l'entrée, mais couché à la sortie. Enfin le petit triangle où est la terre de la Trinité a le Soleil sur l'horizon au commencement et à la fin du passage, mais couché dans l'intervalle.

Un coup d'œil jeté sur la Carte (*voir* p. 36) montre que les plus longs passages pourront être observés sur une ligne qui, partant du lac Baïkal, en Sibérie, se dirige au sud-est vers le Japon. On peut compter sur les astronomes russes pour les observations à faire près du lac Baïkal. Yeddo, au Japon, et Pékin, Tien-tsin ou le port de Yokohama qui en est voisin, même Shangaï, en Chine, seraient encore des stations fort convenables. Dans les trois dernières, on aurait l'avantage d'avoir, soit à l'entrée, soit à la sortie, le Soleil à plus de 20 degrés au-dessus de l'horizon.

Dans l'hémisphère sud, la terre la plus rapprochée du point B est, parmi celles que nous connaissons, la terre australe dite d'*Enderby*, par 66 degrés de latitude ; mais il est bien douteux qu'on puisse y aborder et s'y installer. Vient ensuite, par 72 degrés de latitude, la terre Victoria, dont l'accès présente des diffi-

cultés du même genre ; cependant les Anglais songent
à s'y établir, aussi bien qu'à l'île de Kerguelen, où la
durée du passage est plus longue de $0^m,7$, mais qui,
située à 49 degrés seulement de l'équateur, est beaucoup plus abordable. Les îles Crozet et Macdonald
auront des passages à peu près de même durée qu'à
Kerguelen ; mais, aux îles Crozet, le Soleil sera très-bas
à l'entrée ; les îles Macdonald sont mieux situées,
mais est-il possible d'y séjourner? Aux îles Saint-
Paul et Amsterdam, la durée du passage sera plus
longue qu'à Kerguelen de $2^m,4$: la première est habitée, et l'on trouverait sans doute dans l'une ou dans
l'autre une station convenable. On peut citer ensuite
Hobart-Town, Melbourne, Sydney, villes qui sont
pourvues d'observatoires, et la Nouvelle-Zélande, surtout dans sa partie sud. Les lignes d'égale durée du
passage qui sont tracées sur la Carte, et qui répondent
aux valeurs 30 degrés, 60 degrés, 90 degrés, 120 degrés et 150 degrés de l'arc AM, permettent d'estimer
à vue l'avantage plus ou moins grand qu'il y aura à
combiner deux stations quelconques.

En observant au lac Baïkal d'une part et à la terre
d'Enderby de l'autre, on aurait une différence de durée
de plus de 30 minutes ; mais, même en laissant de côté
ces localités peu abordables et en se bornant à combiner, par exemple, Pékin ou Yeddo avec Kerguelen,
on trouve encore une différence de 25 minutes, tandis
que les différences des heures d'entrée ou de sortie ne
dépasseront nulle part 22 minutes. On ne doit donc
pas renoncer à observer des passages complets et à
appliquer à la détermination de la parallaxe la méthode

de Halley, qui a le grand avantage de ne pas exiger une connaissance très-précise des longitudes des stations.

Mais mille circonstances diverses peuvent empêcher d'observer, dans chaque localité particulière, soit une des phases du phénomène, soit toutes les deux, et l'on ne saurait trop multiplier les chances d'obtenir des observations qui puissent être utilisées. Il ne faut donc pas non plus négliger les stations qui se prêteraient à l'application de la méthode de Delisle. Relativement au choix de ces stations, la carte jointe au présent article met en évidence les points essentiels de cette discussion. On y a tracé, d'une part, les lignes qui répondent aux valeurs 3o degrés et 15o degrés de l'arc A'M (heures d'entrée, $13^h 54^m 2^s$ et $14^h 13^m 6^s$), et, d'autre part, les lignes qui répondent aux valeurs 3o degrés et 15o degrés de l'arc A″M (heures de sortie, $18^h 8^m 2^s$ et $18^h 27^m 6^s$). A l'inspection de ces lignes, on aperçoit que les îles Kerguelen, Macdonald, Saint-Paul, Amsterdam conviendront pour l'observation des entrées hâtives. La Réunion, l'île de France, l'île Rodrigues, ayant le Soleil plus bas, seraient moins favorablement situées. On voit également que les îles Sandwich seront la meilleure station pour observer une entrée tardive : viendraient ensuite les Marquises et Taïti. Entre Kerguelen et les îles Sandwich, la différence des heures d'entrée s'élèvera à $20^m 6^s$.

Quant aux sorties, les plus hâtives s'observeront dans la terre Victoria d'abord, puis dans les îles Auckland et Chatam, sud-est de la Nouvelle-Zélande. La ville d'Auckland, dans la Nouvelle-Zélande même, sera presque aussi favorable ; Hobart-Town, Melbourne, Sydney, l'île de Norfolk, la Nouvelle-Calédonie le seront un peu moins. Enfin, comme stations convenables pour les sorties tardives, on peut indiquer les localités voisines de la ligne qui irait de Tobolsk à Suez. Entre Tobolsk et Auckland (Nouvelle-Zélande), la différence des heures de sortie monte à 19ᵐ5ˢ ; mais à Tobolsk le Soleil serait à peine à 8 degrés au-dessus de l'horizon. A Suez, on aurait le Soleil plus élevé, et la différence avec Auckland serait encore de 18 minutes. Mascate aurait le Soleil plus haut encore, avec une sortie presque aussi tardive. En substituant la terre Victoria à Auckland comme station sud, on accroîtrait de 1ᵐ7ˢ la différence des heures de sortie.

Les passages de Vénus observés en 1761 et 1769 n'ont pas fait connaître la parallaxe du Soleil avec toute la précision sur laquelle on avait cru pouvoir compter ; mais on peut espérer qu'au prochain passage les astronomes, instruits par l'expérience de leurs devanciers, sauront se mettre en garde contre les causes d'erreur qui ont vicié les observations du dernier siècle. Pour que ce but soit atteint, il importe que les diverses questions qui se rattachent au sujet aient été mûrement examinées : le choix des lieux où les observateurs iront s'établir, les qualités des instruments dont ils auront à se munir, la manière dont ils observeront les contacts des deux astres, ces points et mille autres doivent être l'objet d'études approfondies, si l'on ne veut pas s'exposer à de nouvelles déceptions.

Il importe maintenant d'examiner quels seront les pays du globe les mieux favorisés pour l'observation de ce rare phénomène astronomique. Déjà l'Observatoire d'Angleterre et la Société royale de Londres ont fait leurs préparatifs. En France, une commission du Bureau des Longitudes s'est occupée du choix des lieux d'observation, soit par la méthode de Halley, soit par celle de Delisle, d'après laquelle on se sert des durées des passages observés en deux lieux différents. On se sert des heures d'entrée seulement, ou des heures de sortie seulement, pourvu que les longitudes des lieux d'observation soient connues très-exactement.

La commission a proposé les îles Saint-Paul et Amsterdam, Yokohama, Noukahiva (ou Taïti), Nouméa (dans la Nouvelle-Calédonie), Mascate et Suez comme les points où il est particulièrement désirable que des observateurs soient envoyés par les soins du Gouvernement.

L'Assemblée nationale a voté une somme de 3oo ooo^{fr} pour cette multiple expédition astronomique, payables par annuités en 1872, 1873 et 1874.

Tels sont les préparatifs déjà faits pour l'étude précise de cet important phénomène. Si l'on parvient à se prononcer à un ou deux centièmes de seconde près sur la parallaxe, la distance de notre planète à l'astre central qui la soutient sera connue à $\frac{1}{500}$ près, avec une incertitude possible qui ne dépassera pas 75 ooo lieues sur 37 millions.

Les résultats pourront être confirmés de nouveau huit ans après, au passage de 1882, qui aura lieu le 6 décembre, de 2 heures à 8 heures de l'après-midi.

M. Otto Struve, directeur de l'Observatoire de Pulkova, a envoyé à M. Airy, directeur de l'Observatoire de Greenwich, sur les préparatifs faits en Russie pour les observations du passage de Vénus, une communication que nous allons traduire et résumer.

On s'est d'abord occupé des conditions météorologiques des stations choisies; en somme, les recherches ont été très-satisfaisantes, surtout pour les stations situées sur les côtes de l'océan Pacifique et dans la Sibérie orientale (environ 85 pour 100 de ciel clair en décembre). Il n'y a que deux stations, Taschkent et Astrabad, pour lesquelles ces conditions ne sont pas tout à fait satisfaisantes; c'est pourquoi les observateurs désignés pour Taschkent iront probablement se placer à 100 milles à l'ouest de cette ville, et, au lieu d'Astrabad, on choisira l'île d'Aschuradeh, dans la mer Caspienne, ou, s'il est possible, les observateurs iront jusqu'à Sclsahrech, en Perse, avec la certitude presque absolue d'avoir un ciel pur.

Le nombre total des stations russes sera de vingt-quatre; mais chacune d'elles ne sera pourvue que d'un seul instrument pour l'observation du passage elle-même. On espère de cette façon accroître les chances météorologiques. Voici ces instruments :

1° Trois héliomètres de Repsold;

2° Trois photohéliographes de 4 pouces de Dallmeyer;

3° Quatre équatoriaux de 6 pouces et quatre de 4 pouces de Repsold, tous pourvus d'un mouvement d'horlogerie, d'un micromètre filaire et d'un appareil spectral;

4° Dix télescopes de 4 pouces destinés seulement aux observations de contact.

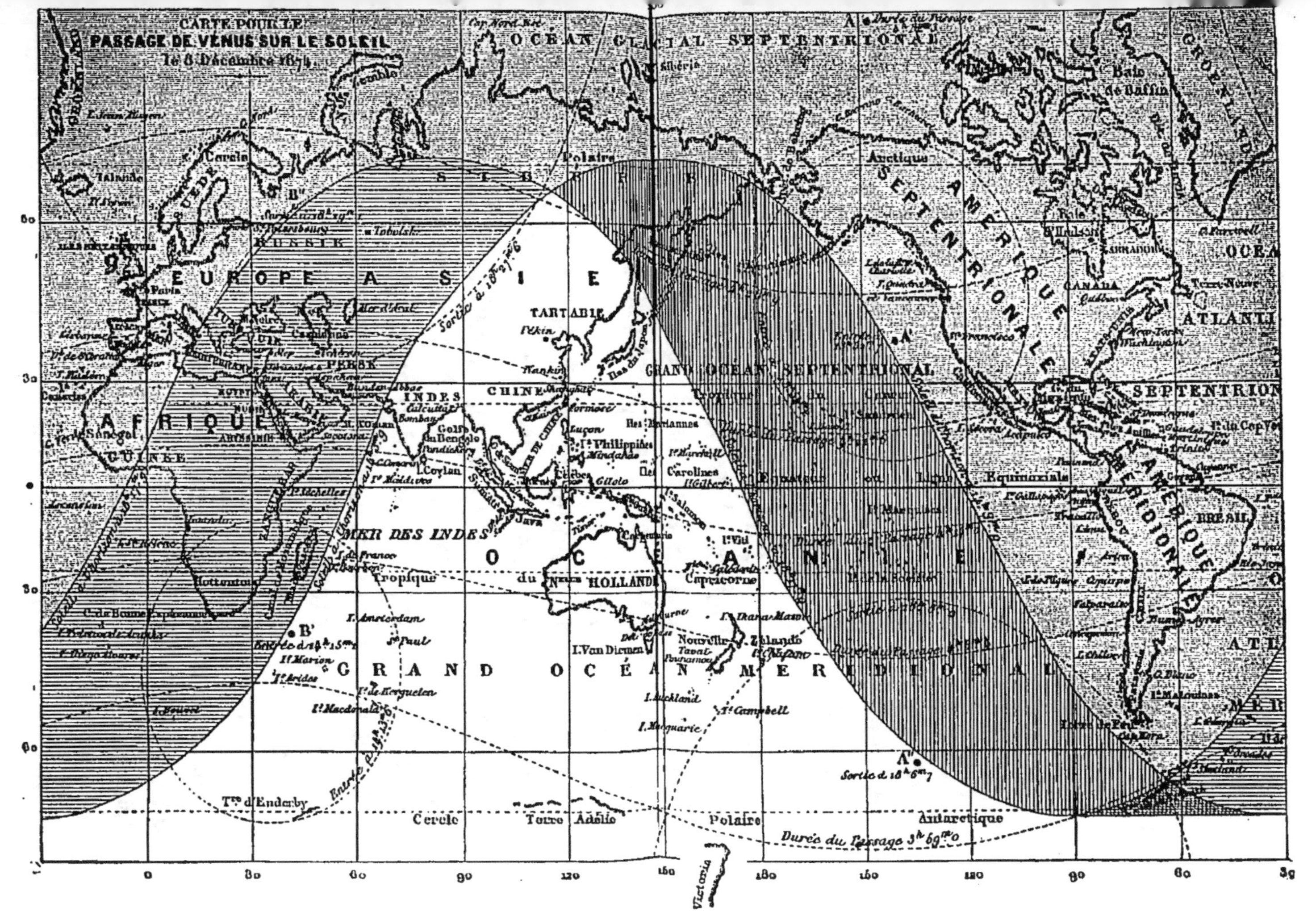

CARTE POUR LE
PASSAGE DE VÉNUS SUR LE SOLEIL
le 8 Décembre 1874
OCÉAN GLACIAL SEPTENTRIONAL
GROENLAND
AMÉRIQUE SEPTENTRIONALE
EUROPE
ASIE
SIBÉRIE
RUSSIE
AFRIQUE
GUINÉE
PERSE
INDES
CHINE
TARTARIE
GRAND OCÉAN SEPTENTRIONAL
MER DES INDES
MER DES INDES
NＬＬＥ HOLLANDE
GRAND OCÉAN MÉRIDIONAL
AMÉRIQUE MÉRIDIONALE
BRÉSIL
Polaire
Cercle Polaire
Tropique du Capricorne
Tropique
Équateur
Équinoxiale
Terre Adélie
Antarctique
Durée du Passage 3ʰ 69ᵐ.0
Sortie à 18ʰ 6ᵐ.7
Durée du Passage
Victoria
Cap Nord Est
Sibérie
Tobolsk
Pékin
Nankin
Formose
Iles Philippines
Mindanao
Célèbes
Gilolo
Carolines
Iles Mariannes
Java
Sumatra
Bornéo
Îles Marshall
Iles Salomon
I. Viti
Iⁱ Galbert
Nouvelle Zélande
I. Van Diemen
I. Amsterdam
St Paul
Iⁱ Marion
Iⁱ Crozet
Iⁱ de Kerguelen
Iⁱ Macdonald
I. Auckland
Sⁱ Campbell
I. Macquarie
Tⁱ d'Enderby
Golfe du Bengale
Calcutta
Bombay
Ceylan
Iⁱ Maldives
Iⁱ Seychelles
Madagascar
Cap de Bonne Espérance
Iⁱ Bourbon
Iⁱ Sᵗᵉ Hélène
I. Ascension
Canaries
Iⁱ du Cap Vert
Sénégal
Antilles
Canada
Labrador
Baie de Baffin
Baie d'Hudson
Terre Neuve
New-York
Washington
San Francisco
Valparaiso
Iⁱ Malouines
Cap Horn
Terre de Feu
SUÈDE
EUROPE
Pétersbourg
Pavie
GRAND OCÉAN
OCÉANIE
MÉRIDIONAL
Entrée à 14ʰ 37ᵐ
Sortie à 18ʰ 21ᵐ

Chaque station sera également pourvue d'horloges, de chronomètres et des instruments nécessaires à la détermination exacte du temps.

Les principaux instruments sont déjà commandés, et seront livrés au commencement de l'année 1873. Les observateurs viendront tous passer quelque temps à Pulkova pour s'exercer ensemble aux observations.

Les positions géographiques des stations choisies ne seront pas déterminées par les observateurs du passage eux-mêmes ; mais toutes les stations où le passage aura été observé avec succès seront ensuite soigneusement déterminées par des expéditions spéciales. Dans ce but, une ligne principale de longitudes télégraphiques sera menée prochainement à travers toute la Sibérie, ligne à laquelle les autres stations de cette région de l'empire seront jointes par des opérations télégraphiques ou chronométriques.

On peut recommander la méthode photographique, attendu que, dans deux endroits déjà, à Wilna, le colonel Smysloff, et à Bolhkamp, en Holstein, le docteur Vogel ont parfaitement réussi à prendre des photographies instantanées du Soleil avec des clichés secs.

Dans son rapport annuel sur les travaux de l'Observatoire d'Angleterre, l'astronome royal a donné les détails suivants sur les préparatifs de l'observation du passage chez nos voisins d'outre-Manche :

On a construit des bâtiments en bois pour y placer une lunette méridienne et un altazimut, et l'on a même recouvert de dômes tournants ceux qui sont destinés à recevoir ces derniers. On a construit des bâtiments pour des équatoriaux de 6 pouces ; l'un de ceux-ci, qui appartenait d'abord à l'amiral Smith, sera établi à Alexandrie, et son bâtiment est adapté à la latitude de cette ville; les autres sont établis dans des bâtiments hexagonaux, sans dômes tournants, mais munis de toits qui peuvent se séparer. Les instruments sont presque tous terminés, et une série de chronomètres et de pendules sont préparés pour le même objet.

La Photographie sera appliquée à l'observation du passage; M. de la Rue a pris la direction de tout ce qui se rattache à ce genre d'observation. Cinq photohélio-graphes sont préparés par M. Dallmeyer sur le plan de ceux qui ont acquis une si brillante réputation à l'Observatoire de Kew. Le sujet n'est pas sans diffi-cultés, mais M. de la Rue saura les vaincre.

Des officiers de marine et d'artillerie se sont mis à la pratique des observations, afin d'aider les astro-nomes à l'époque du passage.

A la dernière réunion générale annuelle de la Société astronomique de Londres, on a exposé les préparatifs faits de concert avec la Société pour l'observation du passage. Le Gouvernement a libéralement accordé une somme de 5000 livres sterling (125000 francs) pour les frais de construction des instruments nécessaires. Cinq photohéliographes seront envoyés aux cinq sta-tions suivantes : Alexandrie, Auckland (dans la Nou-velle-Zélande), Woahoo, et les îles Rodrigues et Ker-guelen. Ces instruments prennent la photographie du Soleil avec la plus extrême finesse et sans aucune alté-ration. On espère avoir ainsi d'excellentes observations mécaniques du passage.

Chacune des cinq stations sera fournie des instruments nécessaires pour l'observation directe de l'entrée et de la sortie, et la détermination des longitudes et des latitudes. Chacune aura trois télescopes, une lunette méridienne, un altazimut et un équatorial de 6 pouces d'ouverture, avec leurs pendules ; il y aura un petit bâtiment spécial construit pour chaque instrument. Tous les nouveaux instruments ont été faits par Tronghton et Simms, et les pendules par Dent et Cie. Les télescopes sont munis d'oculaires prismatiques pour corriger la dispersion atmosphérique.

Nous avons dit que les résultats qui seront obtenus en 1874 pourront être vérifiés et complétés huit ans plus tard, au passage du 6 décembre 1882. Ce passage sera visible en France, en Angleterre et dans toute l'Europe. Déjà l'on a calculé que les meilleures stations pour observer l'entrée accélérée par la parallaxe seront offertes par l'île Kerguelen et le cap de Bonne-Espérance ; que la meilleure station pour observer l'entrée retardée par la parallaxe sera offerte par la côte des États-Unis. Les stations convenables pour observer la sortie dans les deux applications correspondantes seront d'une part Rio-de-Janeiro, et d'autre part Sydney et Melbourne. L'entrée du centre de Vénus sur le disque du Soleil aura lieu à Paris à $2^h 15^m$, et la sortie à $8^h 13^m$. On voit que le Soleil sera couché depuis longtemps à la sortie.

Ajoutons encore qu'on s'est même déjà occupé des passages de l'an 2004 et de l'an 2012, qui ne seront observés que par nos arrière-neveux du xxie siècle. M. Hind en a calculé les éléments et les circonstances.

Passage de l'an 2004.

La conjonction des centres aura lieu le 7 juin, à $20^h 51^m 28^s,8$ en temps moyen de Greenwich. On a pour le centre de la Terre :

		j. h. m. s.		o
Premier contact externe.	Juin.	7.17. 3.43	à	115.c
Premier contact interne.	»	17.22.35	»	118.0
Second contact interne..	»	23. 5.40	»	214.6
Second contact externe..	»	23.24.32	»	218.5

Les angles sont comptés du nord vers l'est pour l'image directe. A Greenwich le passage entier sera visible. Il en sera de même à Paris.

Passage de l'an 2012.

La conjonction des centres en ascension droite aura lieu le 5 juin à $13^h 4^m 44^s,3$.

Pour le centre de la Terre :

		j. h. m. s.		o
Premier contact externe.	Juin.	5.10.22.11	»	40.3
Premier contact interne.	»	10.39.56		37.8
Second contact interne..		17.42. 6		293.1
Second contact externe..		17. 0. 0		290.5

A Greenwich la sortie seule sera visible, le Soleil se levant à $15^h 46^m$. Il en sera de même à Paris.

V.

APPLICATION DE LA PHOTOGRAPHIE
A L'OBSERVATION DU PASSAGE DE VÉNUS.

En 1869, M. Faye discuta devant l'Académie des Sciences les observations originales du passage de 1769 par la méthode de Halley. Dans cette discussion, il avait été conduit à indiquer quelques moyens propres à atténuer les causes d'insuccès. D'un autre côté, MM. Wolf et André, astronomes de l'Observatoire, ont présenté sur le même sujet d'excellentes suggestions. Les difficultés inhérentes à cette méthode n'ont pas préoccupé moins les astronomes anglais et allemands. Toutes ces discussions, d'un intérêt actuel, ont naturellement été rendues publiques.

De ce débat européen est résulté pour M. Faye la crainte très-sérieuse que l'ancien mode d'observation proposé par Halley, et pratiqué en 1761 et 1769, ne soit pas aussi parfait en pratique qu'il paraissait l'être en théorie, et qu'il ne conduise pas au but en 1874, même en y employant des télescopes d'une grande perfection optique. En effet, dans ce mode qui réduit l'observation à celle des contacts internes des disques de Vénus et du Soleil, tout dépend de la possibilité de saisir, à l'entrée, l'instant de la formation d'un très-mince filet de lumière entre les deux contours, ou celui de sa rupture à la sortie. Or les ondulations de l'atmosphère affectent trop le bord du Soleil, lorsqu'il n'est pas très-élevé, pour laisser au phénomène sa netteté géométrique. Arago pensait qu'elles avaient pour effet de supprimer par moments des parties d'une étendue sensible sur le bord du disque solaire. On le voit du moins parcouru par un continuel mouvement vermiculaire, qui lui donne parfois, près de l'horizon, l'aspect dentelé d'une scie. On sent combien la moindre agitation peut retarder la perception d'un mince filet de lumière sur les bords; car ici on ne saurait compter, comme pour les détails permanents d'une figure, sur ces instants fugitifs de calme que les astronomes anglais appellent *a glimpse,* et que l'observateur attend avec patience dans les cas habituels. D'autre part, la fatigue de l'œil et l'éblouissement causé par la contemplation prolongée d'une grande surface très-lumineuse, la dilatation factice du disque solaire inhérente à toute image optique d'un vif éclat, les petits défauts de la lunette, de la mise au point, etc., se joignent à la cause précédente et achèvent de rendre le succès bien douteux. Les deux mémorables expériences faites en 1761 et 1769, et celles que nous devons à tous les passages de Mercure, justifient trop ces appréhensions pour qu'il soit permis de les négliger.

Les astronomes allemands ont décidé de reléguer au second plan la méthode des contacts, pour mettre au premier un procédé plus sûr à leurs yeux. Une Commission, composée de MM. Hansen, Argelander, Paschen, Bruhns, Förster, Auwers et Winnecke, à laquelle M. O. Struve a été adjoint comme expert, a été convoquée en 1869 à Berlin, par la Chancellerie de la Confédération de l'Allemagne du Nord, à l'effet d'aviser aux préparatifs des expéditions projetées pour le prochain passage de Vénus. Elle s'est prononcée à l'unanimité, dès sa première séance, pour un système de mesure bien connu et déjà pratiqué d'ailleurs depuis longtemps dans les passages de Mercure, lequel consiste à déterminer, à l'aide de l'héliomètre, non pas au bord du Soleil, mais sur le disque même de cet astre, les coordonnées relatives de Vénus, c'est-à-dire sa distance au centre du Soleil et son angle de position.

Ne pouvant partager la grande confiance de nos collègues d'outre-Rhin dans cet emploi spécial de l'héliomètre de Fraunhofer, et persuadé aussi que l'usage des micromètres ordinaires serait encore plus pénible et moins sûr, M. Faye estime que le seul mode qui présente des garanties complètes, c'est l'observation photographique, dont il poursuit depuis si longtemps l'introduction dans les mesures astronomiques. Ce genre d'observation supprime l'observateur, et avec lui l'anxiété, la fatigue, l'éblouissement, la précipitation, les erreurs de nos sens, en un mot l'intervention toujours suspecte de notre système nerveux. Il ne supprime pas les petits troubles d'origine atmosphérique, mais en permettant de multiplier indéfiniment les épreuves, il promet une compensation parfaite des écarts dus à cette cause. Il ne supprime pas les défauts de l'appareil optique, mais, en ramenant les mesures géométriques à la détermination des centres des disques au moyen du contour entier de leurs circonférences, il fait disparaître la difficulté propre à la méthode de Halley, où tout dépend d'un imperceptible élément de contact entre ces bords, si différents par leurs modes propres de visibilité.

Ainsi, avec la Commission de Berlin, M. Faye voudrait reléguer l'ancien procédé au second plan ; mais, au lieu de le remplacer comme elle par des mesures héliométriques difficiles, il propose de mettre au premier rang l'observation photographique de Vénus sur le Soleil, combinée avec l'enregistrement électrique de l'instant de la production des images, et avec la détermination de l'heure par l'observation photographique du Soleil au méridien. Ce serait la suppression complète de l'observateur.

Heureusement tout le monde s'accorde enfin sur ce point, qu'il faut faire figurer la photographie parmi les procédés d'observation ; mais chaque nation agira suivant son génie particulier dans la direction qu'il lui faudra imprimer à l'ensemble de ses entreprises. La visée principale des Anglais sera, sans doute, de faire réussir une bonne fois la méthode des contacts, proposée par un de leurs plus célèbres compatriotes ; celle des Allemands, c'est l'application de l'héliomètre de Fraunhofer, consacré, chez eux, par le souvenir des belles mesures de Bessel ; la nôtre devrait être l'application intégrale des méthodes originairement dues aux découvertes de Daguerre, d'Arago et d'Ampère. Nous verrons à quelle nation reviendra l'honneur d'avoir le mieux servi la science dans cette lutte généreuse.

« En dehors de toute préoccupation patriotique, dit M. Faye, ma confiance est fondée sur l'expérience que j'ai acquise, il y a bien longtemps, dans les ateliers de M. Porro, en mesurant les magnifiques épreuves que nous avions obtenues (avec M. Quinet, pour la photographie, et MM. Baudoin et Digney frères, pour l'enregistrement électrique du temps), par l'emploi du collodion sec et au moyen d'une gigantesque lunette de 15 mètres de longueur focale. Les épreuves de l'éclipse de 1858 que j'ai eu l'honneur de présenter le jour même de l'éclipse à l'Académie laissaient bien loin en arrière, malgré quelques défauts uniquement dus à l'exiguïté de nos moyens pécuniaires, tout ce qu'on m'a montré depuis en ce genre. Sur les clichés ainsi obtenus directement au foyer, *sans agrandissement ultérieur*, le diamètre du Soleil était de 15 centimètres, et la seconde d'arc valait $\frac{15}{192}$ de millimètre ; par suite, l'effet total dû à la parallaxe relative de Vénus en 1874 (au moins 40″) répondrait à un déplacement de 3 millimètres sur des épreuves pareilles obtenues en deux lieux bien choisis. Or, quand bien même cette grandeur considérable serait mesurée grossièrement à l'aide d'une simple règle divisée, un double décimètre par exemple, et par simple estime à $\frac{1}{10}$ de millimètre près, ou à $\frac{1}{30}$ du tout, pour en déduire la parallaxe du Soleil, il faudrait encore diviser ces résultats par 5, et l'on voit qu'on obtiendrait finalement cette parallaxe à $\frac{1}{150}$ près. Mais en réalité on appliquera à ces épreuves des appareils micrométriques pareils à celui que M. Porro avait disposé pour moi, et l'on poussera beaucoup plus loin l'exactitude. Les épreuves elles-mêmes gagneront en précision si on les obtient à l'aide d'objectifs convenablement achromatisés par des procédés semblables à ceux de M. Rutherfurd, et parfaitement étudiés d'avance. Enfin on pourra multiplier presque indéfiniment ces épreuves et ces mesures pendant la longue durée du passage. J'ai voulu seulement montrer, par l'exemple de résultats acquis et d'expériences couronnées de succès, que la méthode photographique conduit aisément au but, au moyen de deux stations convenablement choisies, et ne le cède en aucune manière aux espérances qu'avait fait concevoir autrefois la méthode de Halley.

» Il y a plus, la méthode photographique n'exige nullement dans la pratique, comme celle de Halley, la combinaison de deux stations. J'ai remarqué qu'il suffirait de se placer, avec un héliomètre ou mieux avec un appareil photographique, en un quelconque des points du globe terrestre qui voient le Soleil culminer au zénith pendant un passage de Vénus, pour déterminer complétement la parallaxe relative de cet astre, au moyen de mesures obtenues dans cette seule station. En 1874, cette région est très-voisine du tropique du Capricorne et traverse tout le continent australien. Le point le plus avantageux se trouverait au nord de la baie des Chiens-Marins. L'effet parallactique, il est vrai, serait deux fois moindre que dans le cas de deux stations combinées ; mais je le crois bien suffisant, et il est en tout cas digne de remarque qu'un photographe convenablement outillé obtiendrait ainsi à lui seul un résultat supérieur à celui qu'on acceptait encore avec tant de confiance il y a dix ans ; il déterminerait à lui seul, je le répète, la distance de la Terre au Soleil avec plus de certitude que tous les savants du monde entier en 1769. L'épreuve mériterait assurément d'être tentée par les observatoires australiens. »

Voici le moment de signaler aux observateurs l'appareil ingénieux que M. Laussedat a employé à deux reprises, en Algérie (avec le concours de M. Girard, pour la photographie) et en Italie, dans le but d'*observer* photographiquement le passage de la Lune sur le Soleil. M. Laussedat a eu l'idée de rendre fixe la lunette photographique dans une direction horizontale et de renvoyer vers cette lunette la lumière du Soleil au moyen d'un héliostat. Pour être en état, et c'est ici le point capital, de soumettre les épreuves ainsi obtenues à des mesures précises, M. Laussedat a parfaitement reconnu qu'il fallait déterminer avec exactitude l'orientation de l'axe de cette lunette. Il y est parvenu en plaçant cette lunette dans la direction même de sa lunette méridienne, et en assurant, à l'aide d'un bon niveau, l'horizontalité d'un des bords de la plaque sensible. On obtient ensuite par le calcul les éléments nécessaires pour transformer les coordonnées mesurées par les clichés en coordonnées célestes rapportées aux cercles usités en Astronomie. M. Laussedat a adressé à M. Faye la Lettre suivante sur ce procédé remarquable :

« Au nombre des méthodes recommandées, principalement en Angleterre (et je sais combien vous en êtes vous-même partisan), se trouve celle des épreuves photographiques. Les *Monthly Notices* renferment, à ce sujet, des notes extrèmement importantes de M. Warren de la Rue, de M. le major Tennant et de M. Proctor, qui ne vous ont certainement pas échappé.

» Une des causes d'erreur dont il semble le plus

difficile de se garantir est celle qui dépend de la manière dont les épreuves sont repérées (dont les angles de position sont déterminés) pour permettre la comparaison de celles qui ont été obtenues dans des stations différentes.

» Dans le dernier numéro des *Monthly Notices*, M. Proctor indique comment il convient de choisir les stations pour que les effets de cette erreur aient la moindre influence possible sur l'exactitude du résultat. M. Warren de la Rue, de son côté, a montré que la détermination de l'angle de position pouvait se faire avec une grande précision, en répondant aux appréhensions du major Tennant, qui ont provoqué les recherches de M. Proctor. Il est certain que l'on devra préférer les stations indiquées par cet astronome pour y prendre des épreuves photographiques; mais, comme elles ne sont pas très-nombreuses, et qu'il me semblerait regrettable de renoncer partout ailleurs à la photographie, je crois devoir vous présenter les réflexions suivantes.

» L'inconvénient le plus grave, très-probablement, que l'on rencontre quand on cherche l'angle de position sur une épreuve photographique (et j'entends par là l'angle d'une ligne de repère tracée sur l'épreuve avec le diamètre N.-S. du Soleil), provient des irrégularités de position de la lunette conduite par un mouvement d'horlogerie; c'est, du moins, ce que je suppose. Or cet inconvénient se trouve évité dans la disposition que j'avais adoptée en Algérie, lors de l'observation de l'éclipse totale de Soleil du 18 juillet 1860.

» Cette disposition est celle-là même que Foucault a

imaginée plus tard pour entreprendre des études variées d'Astronomie physique, et qu'il se proposait de réaliser dans un instrument désigné par lui sous le nom de *sidérostat*. Il serait inutile de vous faire la description d'un appareil que vous connaissez parfaitement, depuis l'époque où vous avez rendu compte à l'Académie des observations faites à Batna. D'ailleurs l'instrument analogue de Foucault vient d'être réalisé avec un très-grand soin. Je me bornerai donc à émettre le désir de voir appliquer le principe sur lequel il est fondé à la solution de la difficulté signalée par les astronomes anglais. Il est très-aisé de voir, en effet, que, la lunette qui porterait l'appareil photographique étant disposée invariablement dans une direction déterminée astronomiquement et repérée à l'aide d'une mire et d'un collimateur, les irrégularités accidentelles du mouvement du miroir qui projette l'image du Soleil dans l'axe de cette lunette seraient sans danger. On pourrait, dans tous les cas, à l'aide de mouvements de rappel, ramener l'image au centre de la plaque dépolie à laquelle on substitue les plaques sensibles ; et quand bien même l'image s'écarterait de cette position normale, ou l'y ramènerait sans peine par le calcul.

» Je ne veux pas, dans cette Lettre, entrer dans des détails que vous pressentirez sans aucun doute, mais l'expérience que j'ai faite en 1860, et que j'ai répétée en 1867, en Italie, sur des épreuves du Soleil (l'éclipse n'ayant pas pu être observée à cause des nuages), m'a convaincu de l'extrême précision dont la méthode est susceptible.

» Ne vous semblerait-il pas bon, si les astronomes

français veulent prendre part aux expéditions qui auront pour but la détermination nouvelle de la parallaxe du Soleil en 1874, de faire, dès à présent, des essais multipliés de photographie et d'étudier les appareils et les procédés, afin d'éviter les mécomptes? »

Ajoutons à cette Lettre une remarque qui la complétera. Il est possible aujourd'hui d'obtenir des miroirs parfaitement plans, ce qui achève de rendre l'ingénieux appareil de M. Laussedat tout à fait applicable à l'observation du passage de Vénus. M. Faye propose de lui ajouter une modification qui lui paraît essentielle. Les expériences qu'il a faites en 1858 avec une longue lunette de 15 mètres établissent à ses yeux la supériorité des épreuves de grandes dimensions, quand il s'agit de mesures. Celles qu'on a obtenues depuis sont trop petites ; il faudrait au préalable les agrandir ou y appliquer de forts grossissements ; or on grossit en même temps les défauts inévitables du cliché primitif, qu'il serait superflu d'énumérer ici. Il s'agit, bien entendu, des défauts photographiques et non des défauts inhérents à toute image optique des astres, tels que les effets de la réfraction accidentelle et de la dispersion atmosphérique. Avec des objectifs de 16 ou 20 mètres de distance focale, par exemple, on obtiendrait du premier coup des images sur lesquelles le déplacement parallactique de Vénus serait représenté, comme on l'a dit plus haut, par une grandeur linéaire qui rendrait absolument impossible toute erreur pareille à celle de l'ancienne évaluation de la parallaxe du Soleil. Sans doute il serait bien difficile d'installer au loin une pareille lunette quand elle doit prendre une direction quelconque ; mais rien n'est plus aisé dans le système précédent, car il suffit de séparer entièrement l'objectif de l'appareil oculaire ou photographique, et de les installer sur des piliers séparés, entre lesquels le tuyau ordinaire serait supprimé et remplacé par un simple abri en toile. Quant aux très-intéressantes suggestions de M. Proctor (*Monthly Notices*) sur les moyens d'éviter, par un choix convenable des stations photographiques, l'influence des erreurs relatives à la direction des lignes de repère, on peut dire que ces lignes ont toujours sur les épreuves, quand elles y sont projetées, une netteté admirable, bien supérieure à celle des bords mêmes du Soleil, et que les moyens déjà employés par M. Laussedat pour y rapporter par le calcul les lignes de repère célestes mettront les astronomes en état d'utiliser toutes les observations photographiques obtenues dans des stations quelconques. Restent les essais préalables à faire nécessairement : il n'est pas besoin de dire qu'ils sont compris dans le programme des prévisions actuelles de la Commission.

Le n° 1796 des *Astronomische Nachrichten* a publié un travail du conseiller Paschen sur cette application de la photographie à l'observation du passage de Vénus. En voici e résumé :

M. Paschen établit d'abord les conditions géométriques du choix des stations photographiques. Il montre que, pour tirer le meilleur parti possible de cette méthode, il convient de choisir deux stations telles, que l'arc de grand cercle qui les unit coupe en quelque endroit la ligne terrestre des points pour lesquels Vénus culmine successivement au zénith pendant son passage sur le Soleil. Si ces deux stations sont à 125 ou 140 degrés l'une de l'autre et à égale distance à peu près de la portion du parallèle terrestre qui voit Vénus culminer au zénith, on s'assurera la plus longue durée possible pour les observations photographiques simultanées, en admettant que celles-ci ne puissent être utilement faites qu'entre des hauteurs de 12 à 35 degrés pour les astres observés.

Ces conditions sont si élastiques qu'elles permettent de tirer un excellent parti des passages de Vénus les plus défavorables au point de vue des autres méthodes. M. Paschen a indiqué, à titre d'exemple, les trois couples de stations suivantes pour 1874 :

1° Les îles Chatam et Mascate;

2° Les îles Chatam et Bassora;

3° Les îles Samoa et le port de Mahé aux Seychelles.

Il s'est, en outre, assuré, par des calculs relatifs au premier groupe, qu'il serait aisé d'obtenir, en deux heures d'observations photographiques correspondantes, une trentaine d'épreuves fournissant trente équations de condition où le coefficient de l'excès de la parallaxe de Vénus sur celle du Soleil serait constamment de 1,8. Il serait impossible de trouver des stations aussi favorables pour les observations astronomiques (au moyen de l'héliomètre) que les astronomes allemands se proposent d'instituer en 1874.

Le système photographique de l'auteur consisterait à prendre les empreintes, non pas au foyer de l'objectif, mais au moyen d'une seconde lentille à court foyer, afin de photographier à la fois les astres et le réticule de la lunette. Il faut, dans ce cas, une monture parallactique. Quant au degré de précision, M. le conseiller Paschen a constaté que la distance de deux traits peut être obtenue, *par une seule opération de pointé,* à o,ooo43 de ligne près, au moyen de la machine à division de Repsold. En admettant que les photographies solaires n'aient que 4 pouces de diamètre et que le pointé sur les bords de ces images soit vingt fois moins précis que sur des divisions d'une grande netteté, l'erreur moyenne, portée à o,oo86 de ligne, resterait encore au-dessous de l'erreur à craindre sur une double mesure obtenue avec le célèbre héliomètre de Kœnigsberg.

La conclusion dernière de ces recherches, que l'auteur se propose de pousser encore plus loin, est que l'observation photographique constitue, en définitive, l'un des meilleurs moyens connus de déterminer la parallaxe solaire. En en faisant part à l'Académie, M. Faye ajoute : « Je suis heureux d'avoir été le premier à signaler (en 1852) cette belle application de la photographie à l'attention des astronomes. Le Mémoire, si bien étudié, de M. Paschen ne laisse subsister désormais aucun doute à cet égard, et si les astronomes se décident à appliquer encore, en 1874, la méthode de Halley, ce sera seulement, je crois, par un sentiment de respectueuse déférence pour leurs devanciers, mais non dans l'espoir d'obtenir un résultat comparable à celui des méthodes photographiques. »

D'autre part, M. Simon Newcomb a voulu contrôler sérieusement l'opinion qui, dans la bouche de Halley, a donné jadis un si grand crédit aux passages de Vénus.

Dans son Mémoire sur l'observation du passage de Mercure à Sainte-Hélène, ce grand astronome déclare qu'il avait observé, à moins d'une seconde près, le contact intérieur de Mercure et du Soleil, et c'est sur ce haut degré de précision qu'il établit d'arriver, par les passages de Vénus, à mesurer avec une exactitude extrême la distance de la Terre au Soleil (*).

M. Newcomb a pris la peine de réduire au centre de la Terre toutes les observations du dernier passage de Mercure en novembre 1868, et il en a formé un tableau très-instructif dont voici les nombres :

Contact observé avec déformation de l'image.	Contact observé sans déformation de l'image.
$21^h 0^m$ — $2^s,4$ Le Verrier.	$21^h 0^m$ — $3^s,0$ Rayet.
+ 4 ,0 Stone.	+ 1 ,5 Liais.
+ 4 ,7 Dunkin.	+ 4 ,9 André.
+11 ,3 Criswick.	+ 8 ,3 Villarceau.
+12 ,6 Carpenter, inst.	+11 ,4 Wolf.
+17 ,3 Buckingham.	+14 ,2 Duner.
	+19 ,6 Pohl.

M. Newcomb a d'ailleurs tenu compte de l'ouverture et du grossissement, qui a beaucoup varié d'un observateur à l'autre ; il en conclut qu'il n'existe aucune dépendance entre ces éléments et l'instant de l'observation.

(*) Tout astronome qui a observé le dernier passage de Mercure a dû se convaincre, comme je l'ai remarqué dans le précédent Volume de cette publication (page 199), qu'il est impossible de constater le moment des contacts à moins de *plusieurs secondes* près.

Il résulte clairement de ce tableau que Halley se faisait quelque illusion lorsqu'il se flattait d'avoir observé à une seconde près l'instant d'un phénomène identique. On voit aussi que la même incertitude existe, soit que le phénomène se présente avec le caractère géométrique de deux disques en contact, ou qu'il soit altéré par une certaine déformation des images.

M. Newcomb conclut de là que l'observation du prochain passage de Vénus échouera si l'on se contente d'observer comme autrefois les contacts intérieurs. Il propose les mesures photographiques. On voit donc en définitive que plus les astronomes approfondissent cette question, plus ils se rallient à l'emploi de la photographie. L'astronome américain n'y pressent qu'une difficulté, celle de déterminer exactement l'échelle angulaire des images, et il conseille pour cela aux observateurs l'emploi d'appareils parallactiques qui permettraient de photographier les Pléiades avant et après l'observation de Vénus (*).

M. Faye propose de faire mieux encore, de photographier plusieurs fois une même partie du disque solaire pendant qu'il passe dans le champ de la lunette immobile, et à enregistrer les instants, à $\frac{1}{100}$ de seconde près, par le télégraphe électrique. Les bords ou plutôt les petites taches du Soleil fournissent sur ces images des points de repère parfaits pour déterminer la valeur angulaire des parties de l'image. Le même procédé

(*) On sait que ce sont les astronomes des États-Unis qui sont parvenus les premiers à photographier les étoiles et même des systèmes tels que les Pléiades.

permettra d'étudier complétement les déformations dues au système optique dans toutes les directions; car il suffit de prendre d'autres empreintes d'une nouvelle série de positions du Soleil, après avoir fait tourner la lunette autour de son axe d'un angle de 90 degrés par exemple.

Ce dernier procédé, qui n'a été appliqué jusqu'ici qu'à l'occasion de l'éclipse de 1858 dans les ateliers de M. Porro, semble préférable, pour l'étude du système optique, à celui qu'on a adopté dans le même but à l'Observatoire de Kew, dont les astronomes ont poussé si loin l'étude photographique des taches du Soleil.

Tel est le dernier état de la question sur les observations projetées du passage de Vénus et le calcul définitif de la distance du Soleil à la Terre, le premier élément, la base même des mesures célestes. Après avoir ainsi réuni et résumé tous les travaux présentés sur ce grand événement astronomique, nous croyons utile de compléter cet ensemble par le dernier travail de M. Le Verrier sur le même problème, traité à un autre point de vue.

VI.

SUR LES MASSES DES PLANÈTES ET LA PARALLAXE DU SOLEIL.

Communication faite à l'Académie des Sciences par M. Le Verrier.

Les astronomes portent un grand intérêt à l'exacte détermination de l'angle π de la parallaxe solaire ; c'est l'angle maximum sous lequel un observateur, supposé placé au centre du Soleil, verrait le rayon du globe terrestre.

La parallaxe solaire étant connue en secondes sexagésimales, il suffit de chercher combien de fois elle est contenue dans le nombre 206265 pour en conclure la distance du Soleil à la Terre, rapportée au rayon du globe terrestre, pris pour unité.

Laplace, avec les astronomes français de son époque, a adopté dans la *Mécanique céleste* la parallaxe 8″,813, déduite des passages de Vénus observés en 1761 et en 1769. On en conclut la distance 23405 à la Terre.

Ultérieurement Encke, ayant repris la discussion de ces mêmes passages de Vénus sur le Soleil, estima que la parallaxe serait seulement de 8″,578, et que la distance du Soleil à la Terre devrait être portée à 24046 rayons du globe terrestre.

On a reconnu que ce changement apporté par l'astronome de Berlin au nombre de Laplace n'est pas heureux, et qu'il eût plutôt fallu ajouter quelques centièmes de seconde à la valeur 8″,813 attribuée à la parallaxe solaire dans la Mécanique céleste.

Que la distance du Soleil à la Terre soit plus ou moins grande d'une petite fraction de sa valeur, le fait n'est pas en soi de nature à offrir un grand intérêt à notre esprit ; mais la connaissance de la parallaxe solaire est utile dans plusieurs calculs astronomiques : elle permet notamment de déterminer la valeur de la masse de la Terre et de tenir compte de son action dans le monde, en l'introduisant dans les calculs de la Mécanique céleste.

Newton a donné pour cet usage une méthode qui, d'après la Mécanique céleste, revient à l'emploi de la formule

$$m = 4,4320 \left(\frac{\pi}{1000} \right)^3,$$

m étant la valeur de la masse de la Terre rapportée à la masse du Soleil prise pour unité.

En admettant la valeur 8″,813 pour la parallaxe π, on trouve que le rapport de la masse de la Terre à celle du Soleil est $\frac{1}{329630}$. La réduction de $\left(\frac{1}{36}\right)$, proposée par Encke pour la valeur de la parallaxe, conduirait à attribuer à la Terre une masse moindre de $\left(\frac{1}{13}\right)$ que celle que nous venons de rapporter.

On peut aussi résoudre la formule précédente par rapport à π, ce qui donne

$$\pi = 608,79 \sqrt[3]{m}.$$

Par où l'on voit que, si l'on pouvait déterminer directement la valeur de la masse m de la Terre, on en conclurait la valeur de la parallaxe du Soleil.

Lorsqu'on commence par la détermination de la parallaxe, l'erreur relative qu'on y peut commettre devient triple dans la déduction de la valeur de la masse de la Terre.

Si c'est, au contraire, la Terre par la détermination de la masse de laquelle on commence, l'erreur relative qu'on y peut commettre devient trois fois plus petite dans la déduction de la parallaxe. $\frac{1}{300}$ d'erreur dans la valeur admise pour la masse de la Terre correspond à $\frac{1}{900}$ d'erreur dans la valeur qu'on en conclut pour la parallaxe, c'est-à-dire à o″,o1 à très-peu près.

L'action de la Terre produit dans les mouvements de Vénus et de Mars des inégalités sensibles. Si l'on en détermine l'amplitude par les observations, on en pourra conclure directement la masse de notre planète. Il convient d'examiner à quel degré d'exactitude on pourra parvenir par cette voie.

On peut faire concourir à la précision du résultat la considération des inégalités périodiques et celle des inégalités séculaires.

Les éléments des orbites de Vénus et de Mars éprouvent des variations dites *séculaires* qui grandissent d'année en année, de siècle en siècle, finissent par acquérir des valeurs considérables, et sont par cela même très-propres à résoudre la question qui nous occupe. On peut même dire, *a priori,* que leur considération offre une méthode qui, *avec le temps,* doit égaler en précision ce qu'on peut attendre de la mesure directe de la parallaxe solaire et ultérieurement la surpasser. Il faut voir si cette époque ne serait point arrivée.

Lors des célèbres passages de Vénus sur le Soleil en 1761 et 1769, Bradley avait, depuis dix ans, commencé la série des observations méridiennes que Maskelyne, Pond, Airy ont continuée depuis lors sans interruption. En établissant, à Greenwich, l'instrument inventé cinquante ans auparavant par Rœmer, Bradley a assuré à l'Angleterre la possession d'une des bases extrêmes de l'Astronomie de précision. C'est ce qu'on eût pu faire pour la France dès le commencement du XVIIIe siècle.

Les travaux de Bradley permettaient de déterminer avec exactitude les éléments des orbites de Vénus et de Mars pour l'époque de 1755; mais on ne possédait rien autre chose de précis en fait d'observations, et il fallait laisser passer de longues années avant de pouvoir constater et mesurer les variations elles-mêmes des éléments des orbites. Cent vingt et un ans se sont écoulés depuis les observations de Bradley.

Les variations des excentricités, des périhélies, des inclinaisons et des nœuds de Vénus et de Mars seront toutes mises utilement à contribution. Arrêtons-nous à la plus importante, celle du périhélie de Mars. La planète est susceptible d'être observée avec une grande précision dans ses oppositions, et, de plus, nous possédons une triple détermination concordante faite le 1er octobre 1672 par Picard, Rœmer et Richer, ce qui porte à deux siècles la période dont nous disposons.

L'action de la Terre change de 50 secondes en un siècle la position héliocentrique de Mars, périhélie.

Lorsqu'au même moment Mars est en opposition, cet écart est vu de la Terre sous un angle de 185 secondes.

La variation en deux siècles, et pour la position de la planète Mars le 1ᵉʳ octobre 1672, est, vue de la Terre, de 294 secondes en longitude.

La discussion des grandes séries des observations méridiennes conduit à estimer qu'on peut généralement en déduire, à une seconde près, la valeur des écarts géocentriques résultant de la considération de l'ensemble des observations. Nous pouvons donc penser que l'époque est arrivée où la détermination directe de la masse de la Terre peut être obtenue par l'emploi des variations séculaires des éléments des orbites des planètes, avec une précision tout au moins égale à celle que comporte l'observation directe de la parallaxe du Soleil.

Soient

$$(1) \quad \begin{cases} m = 0,000\,000\,333\,(1 + \nu) & \text{Mercure,} \\ m' = 0,000\,002\,489\,(1 + \nu') & \text{Vénus,} \\ m'' = 0,000\,002\,817\,(1 + \nu'') & \text{La Terre,} \\ m''' = 0,000\,000\,373\,(1 + \nu''') & \text{Mars,} \\ m^{IV} = 0,000\,952\,381\,(1 + \nu^{IV}) & \text{Jupiter} \end{cases}$$

les masses réelles de Mercure, Vénus, la Terre, Mars et Jupiter; les coefficients numériques représentant les valeurs des masses qui, dans les *Annales,* ont servi de point de départ, et ν, ν', ν'', ν''', ν^{IV} étant des indéterminées dont on doit disposer pour satisfaire aux observations.

La masse de Mercure résulte des perturbations qu'elle fait subir au mouvement de Vénus. La discussion des observations faites à Greenwich, de 1751 à 1761 et de 1766 à 1830, fournit la condition

$$(2) \quad 18'',2\,\nu + 3o'',1\,\nu' + 35'',35\,\nu'' + 3'',55 = o.$$

Vénus change la position du plan de l'écliptique. Pour satisfaire au mouvement observé, il faut poser

$$(3) \quad +o'',53\,\nu + 28'',88\,\nu' + o'',83\,\nu'' + 1'',72 = o.$$

La masse de Mars résulte de la discussion des observations méridiennes du Soleil. Elle fournit

$$(4) \quad \nu''' - o,o16\,\nu + o,484\,\nu' + o'',o71 = o.$$

Les observations du quatrième satellite de Jupiter et les perturbations du système des petites planètes conduisent à admettre

$$(5) \quad \nu^{\mathrm{IV}} = o,oo12.$$

La masse de la Terre figure utilement pour sa détermination dans trois relations.

La première (A) de ces relations résulte des latitudes de Vénus aux instants des passages, en 1761 et 1769. Elle est indépendante de l'incertitude du diamètre apparent du Soleil et jouit d'une extrême précision

$$(A) \quad -o'',53\,\nu + 24'',6\,\nu' + 32'',8\,\nu'' - 1'',86 = o.$$

La seconde (B) est formée par la discussion des observations méridiennes de Vénus dans un intervalle de cent six ans

$$(B) \quad -0,76\nu + 24,6\nu' + 32'',9\nu'' - 2'',00 = 0.$$

Elle revient, à très-peu près, à la première (A), ce qui témoigne de l'exactitude des observations et de celle de leur discussion.

Enfin la troisième (C) sera déduite de l'observation du 1ᵉʳ octobre 1672. Richer à Cayenne, Picard près Beaufort, et Rœmer à Paris, ont comparé Mars à l'étoile ψ du Verseau, qui fut occultée par la planète. Leurs comparaisons individuelles ne diffèrent respectivement que des minimes quantités $0'',5$, $0'',8$ et $0'',3$. D'une autre part, Bradley nous a laissé trente-deux observations méridiennes des trois étoiles ψ, ψ_1 et ψ_2; nous les avons discutées avec grand soin, et, de ce côté encore, il y a toute garantie d'exactitude

$$(C) \quad 225,3\nu'' + 29,5\nu' + 1398\nu^{IV} - 21'',86 = 0.$$

Si, à l'aide des conditions (2), (3), (4) et (5), nous éliminons les indéterminées ν, ν', ν'', ν^{IV}, nous en concluons ensuite, par chacune des conditions (A), (B), (C), considérées individuellement, les valeurs suivantes pour le rapport $1 + \nu''$ de la nouvelle masse de la Terre à celle qui avait servi de point de départ, ainsi que pour la valeur de la parallaxe solaire qu'on en déduit :

	$1 + \nu''$.	Parallaxe solaire conclue.
(A)	1,0917	8″,853
(B)	1,0937	8,859
(C)	1,0965	8,866
		8,860

On sait que L. Foucault a trouvé, par la mesure directe de la vitesse de la lumière et par l'emploi de la constante de l'aberration mesurée par Struve, le nombre $\pi = 8'',86$.

Il paraît, d'après ces résultats, que l'époque est effectivement arrivée où la valeur de la masse de la Terre à introduire dans les calculs de la Mécanique céleste devra être tirée directement des mouvements des planètes, et non plus être conclue par l'intermédiaire de la parallaxe solaire.

Mais sera-t-il légitime d'en conclure réciproquement la valeur de la parallaxe solaire elle-même? Assurément, si nous étions certains que les corps célestes dont nous tenons compte soient les seuls qu'il y ait à prendre en considération. Quelques raisons qu'on ait de supposer aujourd'hui comme extrêmement minime l'ensemble des masses des petites planètes télescopiques, il peut cependant arriver que leur action, allant en s'accumulant dans la suite des temps, finisse par devenir sensible, et l'on doit se demander si l'on en pourra trouver la preuve dans la différence des valeurs de la parallaxe conclues de la discussion des mouvements célestes, de la mesure de la vitesse de la lumière et de l'aberration, enfin de l'observation de Vénus sur le Soleil. La réponse à cette question n'est pas aisée; elle dépend de la grandeur même de l'influence inconnue et qu'il s'agirait de mesurer.

Si la discussion des mouvements célestes fournissait une valeur de la parallaxe supérieure de $\frac{1}{10}$ de seconde à celle qu'on déduit de la vitesse de la lumière, à celle qu'on déduira des passages de Vénus, on pourrait attribuer la différence à l'action des petites planètes, et ainsi mesurer leur effet. Mais si leur influence ne se traduit que par un résultat correspondant à $\frac{1}{100}$ de seconde seulement dans la valeur de la parallaxe solaire, on pourra seulement conclure que la masse totale des petites planètes est excessivement minime, mais sans en pouvoir tirer aucune mesure.

Il se pourrait que tel fût le cas en fait. L'action des petites planètes aurait dû se faire sentir avec une plus grande intensité sur la planète Mars que sur la planète Vénus, si elle avait été sensible. Et, puisque la discussion des observations de Vénus nous conduit au même résultat que la discussion des observations de la planète Mars, et que ce résultat est aussi celui que Foucault a tiré de la vitesse de la lumière, il paraît bien probable que l'action des petites planètes est jusqu'ici négligeable.

Mais il faut remarquer que, les écarts angulaires introduits par les perturbations dans les positions des planètes Mercure, Vénus, la Terre et Mars allant sans cesse en grandissant avec le temps, il arrivera une époque où l'on ne pourra mettre toutes ces quantités d'accord entre elles, sans peut-être introduire de nouvelles forces. Cela est même certain dès aujourd'hui à l'égard des parages situés entre Mercure et le Soleil. Il se trouve là une notable quantité de matières qui a échappé jusqu'ici à nos investigations régulières.

Dans ces conditions, il paraît que l'Astronomie devrait entrer dans une voie un peu nouvelle, que l'on pourrait résumer comme il suit :

1° Il faudrait tout d'abord ouvrir ce que nous appellerons, pour mieux préciser notre pensée, le *compte des matières célestes*. A cet effet, remontant dans le passé, on chercherait avec soin les circonstances dans lesquelles les actions particulières à telle ou telle planète se sont particulièrement accentuées, et l'on établirait l'équation de condition qui en résulte pour la détermination de sa masse. On ferait concourir à ce travail toutes les observations passées faites dans les divers Observatoires.

On rechercherait en même temps à préciser dans l'avenir les circonstances les plus favorables à la détermination des masses, afin de les signaler aux astronomes et de réaliser les observations nécessaires.

De là résulterait un ensemble de conditions dont le trésor s'accroîtrait chaque jour, et qui conduirait aux plus importants résultats.

2° Nous sollicitons la reprise par les physiciens de la mesure *directe* de la vitesse de la lumière. L'Académie l'obtiendrait certainement de M. Fizeau.

3° La mesure de la constante de l'aberration doit être l'objet de l'attention des astronomes; il serait fort intéressant, aujourd'hui que la constante déterminée par M. Struve joue un rôle si spécial, d'avoir l'avis motivé de cet éminent astronome sur l'exactitude à laquelle il est sûr d'avoir atteint.

4° Enfin la mesure de la parallaxe solaire par les passages de Vénus conserve tout son intérêt, mais à la condition qu'elle sera faite avec une précision exceptionnelle, et que l'astronome pourra répondre d'une exactitude correspondant à $\frac{1}{100}$ de seconde d'arc, soit la $\frac{1}{900}$ partie de la valeur totale de la parallaxe.

Cette étude compétente sur la masse de la Terre et des planètes complète notre exposé des travaux relatifs à la parallaxe du Soleil. Espérons que les nombreuses observations du prochain passage de Vénus avanceront la question aux dernières limites de la perfection de l'Astronomie pratique contemporaine. Nous saurons, après le 8 décembre 1874, si nos espérances seront réalisées, et nous aurons soin, dans notre tome de 1875, de tenir nos lecteurs au courant de tout ce qui aura été fait à cet égard.

DERNIERS TRAVAUX

DE L'ASTRONOMIE.

1869 et 1870.

DERNIERS TRAVAUX
DE L'ASTRONOMIE.
1869 ET 1870.

LES ÉCLIPSES EN 1869 (*).

L'ÉCLIPSE TOTALE DE SOLEIL DU 7 AOUT. — EXPOSÉ DES OBSERVATIONS.

Depuis quelque temps, chaque année apporte, par l'observation d'une ou plusieurs éclipses totales de Soleil, son contingent de découvertes nouvelles sur la constitution du Soleil, sa surface lumineuse et brû-

(*) Tous les almanachs avaient annoncé qu'il n'y aurait pas en 1869 d'éclipse visible à Paris. C'était là une erreur que j'ai relevée dans les journaux du commencement de janvier par le petit article suivant :

« Le 27 janvier prochain, à $11^h 27^m$ du soir, commencera pour Paris et pour toute la France une *éclipse de Lune*, qui atteindra son maximum (presque la moitié du disque lunaire) à $1^h 47^m$ et se terminera à $4^h 7^m$ du matin.

» Les almanachs et les annuaires ont bien fait mention de cette éclipse, mais en la qualifiant d'*invisible*. Or elle

lante; et surtout sur l'état physique et chimique de l'immense atmosphère qui l'environne.

Il y a eu quatre éclipses en 1869 : deux de Lune et deux de Soleil. Les deux premières n'ont présenté aucune observation digne d'intérêt. Il en a été de même de la première éclipse de Soleil, qui était annulaire. En revanche, celle du 7 août a été, comme on va le voir, l'objet d'études curieuses et importantes.

Invisible dans nos contrées, elle devait se manifester dans les régions polaires de l'hémisphère boréal, dans l'Amérique du Nord, en Asie, dans les contrées à l'est et à l'ouest du détroit de Behring. Les plus importantes observations ont été faites, dans la ville de Burlington (État de Iowa), par $40°48'$ de latitude et $56'15''$ à l'ouest de Washington.

Les reproductions photographiques des différentes phases de l'éclipse ont parfaitement réussi. M. Gould a pris quarante-deux images photographiques, dont cinq correspondent à l'éclipse totale.

Cet astronome se proposait, outre un examen attentif de la couronne solaire au moment de l'éclipse to-

sera *visible*, la Lune se levant le 27 à 4^h24^m du soir et se couchant à 7^h45^m du matin, le 28. Notre satellite sera donc dans le voisinage du méridien même au milieu de l'éclipse. (Le moment de la pleine lune est 1^h40^m.)

« L'erreur commune provient d'une faute d'impression de la *Connaissance des Temps : invisible* pour *visible*; faute que les éditeurs d'almanachs auraient pu et dû corriger eux-mêmes, s'ils avaient songé à confronter l'indication d'*invisible* avec l'heure de la présence de la Lune sur l'horizon de Paris. »

tale de sonder les profondeurs de l'espace aux environs du Soleil offusqué, pour y vérifier l'existence plusieurs fois annoncée par M. Le Verrier, de quelque planète entre Mercure et le Soleil.

La première partie du programme a été parfaitement remplie. M. Gould a fait trois esquisses de la couronne, à des intervalles d'une minute, pendant lesquels sa forme a éprouvé des changements notables.

Quant à la recherche de la planète intramercurielle, le résultat a été complétement négatif. Cet astronome se servait, pour cette recherche, d'une lunette montée parallactiquement, de 13 centimètres d'ouverture et de 90 centimètres de distance focale. Elle était pourvue d'un oculaire grossissant cinq fois. L'observateur embrassait un champ de 1°50′, dans lequel l'intensité d'éclat de chaque objet lumineux était plus de cent fois plus grande qu'à l'œil nu.

Grâce à cette lunette, l'observateur a pu voir une étoile du *Lion,* qui est de la sixième grandeur, bien qu'elle n'ait pas été à plus de 50 minutes du Soleil ; mais c'est là le seul astre qui ait été visible dans une zone de 80 minutes de largeur, qui s'étendait de 5 degrés à l'ouest jusqu'à 3 degrés et demi à l'est du bord du Soleil.

M. Gould croit pouvoir conclure de ce résultat négatif que l'hypothèse, mise en avant par M. Le Verrier, de l'existence d'une ou plusieurs planètes entre Mercure et le Soleil, est inadmissible. Une telle planète ne pourrait pas avoir un diamètre moindre que la moitié de celui de Mercure, avec un dixième de la surface du même astre. Son éclat serait dès lors aussi grand que celui d'une étoile de deuxième grandeur. Or, avec les moyens d'observation dont il disposait, l'astronome des États-Unis aurait pu reconnaître, au moment de l'éclipse totale, une étoile de sixième grandeur.

M. Yvon Villarceau, qui a communiqué à l'Académie des Sciences la lettre de M. Gould annonçant ces résultats, a fait remarquer que la conclusion négative signalée par cet observateur, en ce qui concerne les planètes intramercurielles, ne doit pas être interprétée dans un sens absolu. Il eût pu arriver, en effet, qu'un ou plusieurs de ces astres fussent alors à une distance de leur conjonction, supérieure ou inférieure, moindre que le demi-diamètre du Soleil. Elle laisse d'ailleurs intacte l'hypothèse, mise en avant par M. Le Verrier, d'un anneau formé de corps d'un faible volume, comme ceux qui produisent, en pénétrant dans notre atmosphère, le phénomène des étoiles filantes. La non-existence des planètes entre Mercure et le Soleil ne serait donc pas démontrée par les observations faites par M. Gould pendant l'éclipse totale du 7 août.

M. Henry Morton, chef de l'expédition américaine chargée de l'observation de cette éclipse, a publié un rapport sur les différentes observations faites, 1° à Burlington (Iowa), sur les bords du Mississipi, par une section de l'expédition; 2° à Ottumwa (à 100 kilomètres environ de Burlington), par une autre section, et 3° par une troisième à Mount Pleasant, station intermédiaire entre les deux précitées. Dans toutes les stations, le temps a favorisé les observations, dont nous allons énumérer les résultats, d'après le rapport dont nous avons trouvé la traduction dans le journal *Les Mondes.*

Les dessins photographiques des phases partielles montrent les diverses taches du Soleil visibles à l'instant de l'exposition, au nombre de six, très-bien définies ; les plus grandes sont entourées d'une frange bien marquée de facules ; elles montrent très-distinctement le granulé de la surface générale du Soleil. On y constate aussi un accroissement de lumière de la surface solaire, au point où elle est en contact avec le bord de la Lune. Cette apparence, qui, suivant M. Challis, semble indiquer la présence d'une atmosphère lunaire très-rare, est si manifeste sur tous les négatifs qu'il est impossible de s'y méprendre.

On a pris 13 photographies pendant la totalité, avec des expositions de 6 à 16 secondes. Ce sont des négatifs très-bien réussis, qui montrent d'abondants détails, et, dans quelques cas, une grande portion de la couronne. Une des photographies d'Ottumwa, prise au dernier instant avant la totalité, nous donne l'enregistrement photographique du curieux phénomène connu sous le nom de *grains de chapelet* de Bailly. Ce sont simplement les derniers rayons du Soleil découpés en grains irréguliers par les pics des montagnes de la Lune.

On a obtenu des photographies très-instructives des protubérances. Cette fois encore, aussi bien que dans les dessins obtenus par M. de la Rue en 1860, comme aussi dans ceux des expéditions anglaises et allemandes de 1868, on peut remarquer que les plus intéressantes sont situées sur les bords du Soleil les plus éloignés du bord avançant de la Lune, de sorte qu'elles se montrent mieux sur les plaques exposées les premières.

La plus remarquable de ces protubérances présente au premier aspect la forme de la lettre X; mais un examen plus attentif lui fait reconnaître nettement la forme d'un épi de blé. Elle se compose d'une masse centrale continue, inclinée de 45 degrés sur la normale à la surface solaire, et partagée, très-près de son extrémité supérieure, en trois branches : l'une se rejette en arrière dans une direction à peu près parallèle à la surface solaire; la seconde, projetée en avant, continue la direction du tronc; la troisième, partie d'un peu plus bas, suit à peu près la direction de la seconde. L'aspect du corps principal, dont la forme est celle d'un faisceau contourné en spirale, suggère l'idée qu'un mouvement tourbillonnaire a emporté ces bouffées de matière légère dans les positions qu'elles occupent. Il a semblé à divers observateurs que cette protubérance était animée d'un mouvement rapide pendant qu'ils l'examinaient; mais comme elle occupe les mêmes positions dans les huit négatifs pris à Burlington et à Ottumwa, on ne saurait révoquer en doute son caractère de fixité. Il paraît cependant certain qu'il existait un mouvement au sein de la lumière qui entourait le Soleil, puisque tous les observateurs s'accordent sur ce point; mais il y a tout lieu de croire que ce mouvement avait lieu dans la couronne et non dans les protubérances, lesquelles évidemment peuvent prendre un aspect mouvementé quand elles sont vues sur un fond de lumière ondulée.

Immédiatement à droite de cet épi de blé on voit une bande de lumière douce, du sein de laquelle s'élèvent deux masses, aussi en forme de fuseau, inclinées vers l'épi de blé.

Sur la gauche apparaît une masse de nuages roulants disposés en filets ou en boucles, comme la fumée d'un feu de joie ou d'une prairie en feu. En rapport avec cette masse principale, on aperçoit de petits amas de lumière entièrement détachés et flottant au-dessus d'elle, comme dans les dessins de M. de la Rue.

D'autres masses nodulaires se montrent sur d'autres points, parmi lesquelles, entre autres, on en a remarqué une située près du bord le plus inférieur du Soleil. Elle est plus clairement visible dans la dernière photographie de chacune des stations, sous forme d'une grosse baleine dont le corps est formé d'une matière nuageuse accumulée avec une longue queue serrant de près le bord du Soleil, et s'étendant sur une longueur de 40000 milles. La longueur de la masse entière est de 110000 milles ; la hauteur de la partie la plus volumineuse est de 28000 milles, et sa longueur de 70000 milles. A la droite de cette protubérance on aperçoit une masse de matière nuageuse, rappelant une chenille chevelue ; elle ne se montre dans toute sa longueur que dans les dernières photographies de chaque série ; elle ressemble aussi aux rouleaux de vapeur que l'on voit quelquefois courir à la surface des couches d'eau.

Un des objets dont on désirait le plus obtenir l'impression photographique était la couronne. C'est dans cette intention que l'on a prolongé longtemps quelques-unes des expositions. L'examen des négatifs montre que cinq secondes d'exposition étaient plus que suffisantes pour fixer tous les détails des protubérances, mais sans indication décidée de la couronne. Les photographies d'Ottumwa, dont le temps d'exposition a été long, présentent seules une idée de la véritable structure de la couronne. Une d'entre elles, la dernière et la plus longtemps exposée, présente cet objet presque dans son entier développement, tel que les observateurs se rappellent l'avoir vu à l'œil nu. La structure courbe des rayons et l'intensité variable avec laquelle ils sont émis sur les divers points sont très-nettement accusés. Les jets les plus brillants de la lumière de la couronne sont évidemment associés à celles des protubérances qui ont la forme pointue de flammes ; les protubérances, au contraire, qui ont la forme de masses arrondies semblent jeter des ombres sur la couronne : c'est ce qui semble résulter aussi des dessins de M. de la Rue.

Ces faits, remarque l'auteur du rapport, prennent une signification particulière quand on les rapproche des observations faites durant cette même éclipse. En premier lieu, M. Pickering, professeur à l'Institut technologique de Massachusets, a trouvé, à Mount Pleasant, que le ciel était fortement polarisé tout à l'entour, jusque très-près du bord supérieur de la couronne, mais que la couronne elle-même n'était pas une source de lumière polarisée. L'instrument dont il s'est servi était un tube muni, à l'une de ses extrémités, d'une large plaque de quartz, et, à l'autre, d'un prisme doublement réfringent de spath d'Islande, construit à la façon du prisme de Rochon. En regardant la couronne à travers ce tube, on avait sa circonférence entière avec une zone du ciel environnant, et l'on voyait très-distinctement les deux images du champ tout entier ; or celles de la couronne étaient absolument incolores, mais elles se projetaient sur un fond coloré, et coloré sur les deux images de teintes complémentaires. Ce fait indique avec certitude que la lumière de la couronne n'est pas de la lumière solaire réfléchie. M. Pickering n'a trouvé non plus aucune raie obscure dans le spectre de la couronne, fait qui a la même signification que l'absence de polarisation.

Les observations faites à Burlington par M. Young, professeur au collége de Dartmouth (Hanovre), sont plus concluantes encore. Il a trouvé dans le spectre de la couronne des raies brillantes correspondant à celles que montre l'aurore boréale, ce qui le porte à penser que la couronne solaire pourrait bien être une aurore boréale permanente. On serait donc conduit à considérer le phénomène comme une simple décharge électrique, incessante, mais variant avec une grande rapidité, et l'on pourrait attribuer à ces variations les mouvements apparents des proéminences qui ont été signalées par plusieurs observateurs et qui n'ont pas d'existence réelle, ainsi que le prouvent les photographies dont il vient d'être parlé.

M. Morton parle aussi, dans son rapport, d'un phénomène d'optique observé par MM. Zentmayer et Himes à la station d'Ottumwa, et qui les porte à conjecturer qu'une pluie météorique a accompagné l'éclipse de Soleil. Voici en quels termes il s'exprime à cet égard :

Pendant les intervalles, quelquefois assez longs, qui

séparaient les photographies des phases partielles, on mettait en place le verre dépoli pour pouvoir saisir les irrégularités du mouvement d'horlogerie, s'il s'en produisait vingt-cinq minutes avant la totalité. M. Zentmayer vit paraître sur le verre dépoli quelques objets brillants, qui marchaient d'une corne à l'autre du croissant solaire. Chacun de ces objets mettait environ deux secondes à parcourir le diamètre du Soleil; ils suivaient tous des lignes droites à peu près parallèles et dans le même sens. Ces points, très-nettement définis, firent naître dans l'esprit de M. Zentmayer, habitué à se servir de la chambre obscure dans un but photographique, l'impression qu'ils étaient les images d'objets réels, et non pas seulement des jeux de lumière. Il est certain, en outre, que ces objets, quels qu'ils puissent être pour produire sur le verre dépoli des images aussi nettement définies, ont dû se trouver à des distances de la lunette égales à plusieurs kilomètres; car même un point lumineux, situé à une distance plus courte, aurait donné naissance à une image agrandie avec des contours nébuleux. Après qu'il eût appelé l'attention de M. Himes sur ce phénomène et observé le mouvement de huit ou dix de ces petits corps, il en vit encore trois autres venir des limites du champ et disparaître sous le croissant du Soleil, mais sans reparaître de l'autre côté. Il est digne de remarque que la direction du mouvement des trois derniers de ces corps correspondait à celle du vent qui soufflait alors, mais qu'il n'en était pas ainsi pour les dix autres; que ceux-ci, par conséquent, pour cette raison et pour d'autres encore, ne pouvaient pas être pris pour des grains semblables à ceux que M. Dawes a décrit en 1852, dans les *Monthly Notices* de la Société astronomique. Si les objets dont il s'agit étaient des corpuscules météoriques situés entre nous et la Lune et aussi au delà de notre satellite, leur passage devant le disque du Soleil aurait présenté probablement les mêmes apparences que celles décrites ci-dessus.

M. Alfred Mayer a envoyé à l'Académie des Sciences de Paris neuf des photographies de cette éclipse, prises à Burlington. Les photographies faites, avant et après l'éclipse, ont été prises en réduisant l'objectif de deux pouces de diamètre à l'aide d'un diaphragme, et la durée de l'exposition de la plaque de collodion aux rayons du Soleil a été de $\frac{1}{500}$ de seconde. Pendant l'éclipse totale, on a conservé l'ouverture entière de l'objectif, et le collodion a été exposé à l'action des rayons lumineux pendant cinq ou sept secondes.

L'une des photographies, prise $2^s,8$ après qu'on eut observé le premier contact, montre une dépression du limbe solaire au point où ce contact a eu lieu, avec l'indication très-prononcée d'une haute montagne de la Lune qui fait saillie vers l'intérieur du Soleil. Un des astronomes qui a observé l'éclipse avec une grande habileté à Sioux-City (Iowa) a obtenu le moment du premier contact en voyant ce pic montagneux entrer sur le limbe du Soleil, avant que ce contact ait réellement eu lieu par le contour de la surface générale de la Lune. Deux grandes taches du Soleil sont reproduites avec netteté : une dans le quart sud-ouest, l'autre dans le quart nord-est; la dernière est entourée de très-larges facules, et l'une de ces facules semble jetée comme un pont sur la tache qu'elle divise en deux portions.

L'une des protubérances photographiées a l'apparence d'un aigle aux ailes déployées, posé sur le tronc d'un arbre qui penche vers le nord. La forme de cet objet suggère l'idée d'un vaste et passager tourbillon de flammes. On a examiné avec soin les photographies successives sur lesquelles on l'aperçoit, mais on n'a pu y découvrir d'une manière certaine l'indication d'un mouvement sensible pendant la durée de la totalité.

Ces photographies sont maintenant au Bureau des Longitudes, auquel elles ont été envoyées par l'Académie.

Citons encore sur cette éclipse des remarques ultérieurement publiées par M. Morton, dans les *Comptes rendus* du 13 décembre 1869, sur l'origine de la bande lumineuse que l'on aperçoit sur les photographies des diverses éclipses. Il avait déjà remarqué pendant l'éclipse, sur les épreuves négatives des différentes phases, une augmentation prononcée de l'opacité du dépôt d'argent, en contact avec le côté avançant de la Lune. Lorsqu'à son retour à Philadelphie toutes les épreuves négatives prises par les deux autres sections lui furent remises, il reconnut la même apparence caractéristique, variant seulement légèrement d'intensité, ce qui permettait de les distinguer. Ce fait fut remarqué par tous ceux qui s'étaient chargés de prendre ces épreuves. Bien des observations ont été faites à ce sujet, et l'on en a tiré diverses conclusions. Dans les images sur papier obtenues au moyen de ces épreuves négatives, cette densité locale du dépôt d'argent produit une bande lumineuse en contact avec le disque de la Lune.

Une apparence analogue à celle-ci avait été remarquée par M. Alexander, ainsi que par M. de la Rue, sur les épreuves photographiques de l'éclipse de 1860; et, tandis que M. Challis et M. Alexander l'attribuaient à l'influence d'une atmosphère lunaire très-rare, elle était expliquée par M. de la Rue et par l'astronome royal comme un simple effet secondaire.

L'astronome royal a, en outre, montré dans des notes publiées dans les *Mémoires de la Société royale d'Astronomie*, du 13 novembre 1863 et du 20 juin 1864, qu'aucun effet semblable ne pouvait être produit par une atmosphère lunaire, s'il en existait. Il rejette en conséquence, avec raison, une semblable supposition, et montre par des expériences concluantes que la légère bande lumineuse des images imprimées soumises à son examen est le résultat d'une illusion d'optique, et non un effet réel.

En répétant cependant les mêmes expériences sur de bonnes images des épreuves, M. Morton n'obtint pas les mêmes résultats, et, en outre, l'opacité réelle des épreuves négatives semblait exclure l'explication précédente, comme s'appliquant à la totalité de l'effet observé.

En conséquence, M. Morton fit l'expérience suivante : il transforma une épreuve photographique du Soleil, prise un instant après le premier contact, en un croissant, en collant partiellement dessus un morceau circulaire obscur de papier tiré d'une autre image. Cette épreuve présenta aussi par la photographie une bande lumineuse nette, semblable à celles qui résultent du contraste, et qui se produirait sans aucun doute dans les épreuves examinées par l'astronome royal.

Il avait ainsi photographié cette image artificielle d'une éclipse dans les circonstances où les épreuves négatives présentaient un dépôt intense sur un bord (celui du côté de la Lune), et qui donnait des épreuves positives montrant une bande lumineuse à la même place, mais bien plus marquée encore que celle qu'offrait l'image originale.

Il paraît, d'après cela, que l'effet observé dans ces images de l'éclipse n'est dû ni à une inflexion de la lumière solaire produite par la Lune, ni à un effet optique de contraste seul, mais en grande partie à une action chimique qui peut être expliquée par ce qu'on connaît des réactions analogues dans la production des épreuves négatives.

Il est bien connu, en effet, que le développement des épreuves négatives dépend de la présence du nitrate d'argent libre dans la couche de préparation, et qu'une grande augmentation d'intensité peut être obtenue par une seconde répétition du procédé par lequel on développe l'image.

Dans le cas présent, la partie de la plaque qui correspond au bord obscur de la Lune, et qui n'est pas impressionnée, constitue un réservoir de nitrate d'argent imbibé par la couche de collodion. Pendant le développement de l'image, le nitrate d'argent s'étend à une petite distance dans la partie qui représente la surface lumineuse du Soleil et dont le nitrate libre avait été dépensé dans le premier moment de l'opération du développement.

M. Morton conclut donc que, bien qu'une certaine partie des effets observés sur les épreuves soit dans d'autres cas due au contraste, cependant, dans celui-ci, l'apparence particulière des épreuves négatives et la plus grande partie de celles qu'offrent les images sont le résultat d'une action chimique du genre de celle qui vient d'être décrite (ce qui peut s'appeler un second développement local), et que cette apparence ne correspond à aucun phénomène céleste.

Telles sont les principales études faites sur l'éclipse totale de Soleil du 7 août 1869.

LES ÉCLIPSES EN 1870.

Il y a eu six éclipses en 1870 : quatre de Soleil et deux de Lune. La première, l'éclipse de Lune du 17 janvier, a été observée à Windsor (Nouvelle-Galles du Sud) par M. Tebbutt, et n'a été le sujet d'aucune remarque nouvelle ni d'aucune observation importante. La seconde éclipse de Lune, celle du 12 juillet, a été observée à l'observatoire de Greenwich. Nous extrairons et traduirons du rapport de l'astronome royal les remarques suivantes, qui sont dignes d'intérêt.

ÉCLIPSE TOTALE DE LUNE
DU 12 JUILLET 1870.

1° La différence entre l'intensité d'illumination de la région nord du disque (la moins éclairée) et la région sud (la plus éclairée) a été beaucoup plus grande qu'on ne s'y serait attendu pour une éclipse dans laquelle la Lune est passée si près du centre du cône d'ombre terrestre.

2° « A l'œil nu, dit M. Herry, et avec ma vue courte (la distance de ma vision distincte est inférieure à 5 pouces), je puis comparer la quantité de lumière provenant de sources très-différentes ; j'ai trouvé que la quantité de lumière reçue de la Lune était inférieure à celle de Saturne et supérieure à celle de α de l'Aigle. »

3° La lumière de la Lune s'est accrue considérablement pendant les dix minutes qui ont suivi le moment de l'éclipse centrale.

4° On peut conclure des numéros 1 et 3 que le seul endroit où l'obscurité est presque totale est le centre de l'ombre, et qu'une grande quantité de lumière tombe en dedans des limites géométriques du véritable cône d'ombre.

Des quatre éclipses de Soleil de cette année, les trois premières (31 janvier, 28 juin et 28 juillet) n'ont pas été observées, et d'ailleurs n'étaient que des éclipses partielles. Tout l'intérêt s'est porté sur l'éclipse totale du 22 décembre, dont la plus grande phase devait passer à travers le sud de l'Espagne, l'Algérie, la Sicile et la Grèce. Nous commencerons notre examen par la mission de M. Janssen, qui emprunte un intérêt particulier aux circonstances exceptionnelles parmi lesquelles elle a été effectuée.

ÉCLIPSE TOTALE
DE SOLEIL DU 22 DÉCEMBRE 1870.
— EXPOSÉ DES OBSERVATIONS.

Deux mois avant cette éclipse, dès le 24 octobre précédent, M. Janssen adressait les propositions suivantes à l'Académie des Sciences.

« L'Académie a accueilli mes travaux avec une bienveillance si marquée, elle les a récompensés d'une manière si glorieuse pour moi, que je suis encouragé à m'adresser à elle pour la continuation de mon œuvre.

Cette œuvre se rapporte principalement aux deux objets suivants : en premier lieu, l'étude des propriétés optiques de la vapeur d'eau et leurs applications à la physique céleste ; en second lieu, la connaissance de la constitution des enveloppes extérieures du Soleil.

Les propriétés optiques de la vapeur d'eau, déduites de mes études spectrales sur notre atmosphère, et démontrées ensuite directement par l'expérience sur le tube de vapeur à l'usine de la Villette, en 1866, ouvrent aujourd'hui un champ nouveau en Astronomie physique.

Appliquées à notre atmosphère, elles m'ont conduit à proposer une méthode spectro-hygrométrique pour la recherche et la mesure de la vapeur aqueuse, non-seulement à la surface de notre globe, mais jusqu'aux régions les plus élevées de notre atmosphère.

Mais l'intérêt de ces nouvelles méthodes se rapporte surtout à l'Astronomie. Elles ont déjà permis d'étudier les atmosphères des planètes, et de constater chez plusieurs d'entre elles la présence de cet élément aqueux qui joue un rôle si considérable dans le développement de la vie à la surface du monde.

J'ai abordé, au même point de vue, l'étude des étoiles. On sait que le spectre d'un très-grand nombre d'entre elles indique la présence d'une vaste atmosphère d'hydrogène incandescent. Sirius nous en offre un exemple remarquable. Ces étoiles n'ont point de vapeur d'eau dans leurs atmosphères ; il en est d'autres, au contraire, dont le spectre accuse la présence de cet élément, et pour lesquelles l'hydrogène fait généralement défaut. N'est-il pas naturel de penser que ces astres nous représentent des soleils en voie de refroidissement, et que, par suite des pertes causées par un rayonnement continué à travers d'immenses périodes de temps, leurs atmosphères ont atteint enfin la température où les gaz générateurs de l'eau peuvent s'associer. Le spectre de la vapeur d'eau deviendrait ainsi un critérium pour juger de l'âge relatif d'une étoile. Ce sont là des aperçus dont l'avenir seul peut montrer la valeur ; je ne les indique ici que pour constater tout l'avenir de ces études et faire comprendre combien je dois regretter que les instruments m'aient fait défaut pour les poursuivre.

J'arrive maintenant au Soleil. La connaissance de la constitution de cet astre est entrée, depuis ces derniers temps, dans une phase nouvelle. La théorie que nous devons à M. Faye se vérifie de plus en plus ; elle a eu le rare mérite de servir de guide à nos derniers travaux, et d'y trouver ensuite d'éclatantes confirmations. Aujourd'hui l'étude journalière des régions circumsolaires nous est permise ; elle se poursuit activement, à l'étranger surtout, et cette étude, combinée avec celle des taches de la surface de l'astre, paraît suffisante pour nous conduire bientôt à la connaissance générale du Soleil proprement dit.

A ce point de vue, les éclipses totales ont perdu une grande partie de leur importance ; elles ne constituent plus les seules et fugitives occasions d'étudier les phénomènes qui ont leur siége en dehors du globe visible du Soleil. Il ne faudrait pas en conclure cependant qu'elles ne présentent plus d'intérêt; la nature des phénomènes lumineux, si beaux et si variables, qui constituent ce qu'on a nommé *l'auréole*, nous est encore inconnue. L'auréole prend-elle naissance dans notre atmosphère? résulte-t-elle d'un jeu de lumière qui se produirait sur les bords de la Lune? faut-il enfin y voir la manifestation de matières cosmiques répandues dans le voisinage du Soleil? Nos méthodes actuelles d'observations ne paraissent pas suffisantes pour trancher cette question difficile et complexe. C'est peut-être une raison de ne perdre aucune occasion d'aborder le problème.

Une occasion de ce genre doit bientôt se présenter. Le 22 décembre prochain, une éclipse totale aura lieu dans le sud de l'Europe (Sicile, Algérie, Espagne). Je sais que le Bureau des Longitudes s'en était préoccupé, et qu'il avait bien voulu me comprendre parmi les observateurs de la mission qu'il comptait envoyer. Malgré les circonstances si critiques et si douloureuses que traverse notre pays en ce moment, il ne paraît pas que la France doive abdiquer, et renoncer à prendre sa part dans l'observation de cet important phénomène. En dépit du siége et sans avoir à demander à nos ennemis le passage à travers leurs lignes, un observateur pourrait, au moment opportun, se diriger vers l'Algérie par la voie aérienne; il emporterait seulement avec lui les parties les plus indispensables de ses instruments, sauf à les compléter à Marseille avant l'embarquement.

Si l'Académie veut bien m'accorder son appui pour la continuation des travaux dont je viens de l'entretenir, une partie des ressources pourrait être employée à la réalisation de ce projet, et je m'offrirais pour tenter ce voyage, heureux de donner ainsi à la Science ce témoignage de mon entier dévouement. »

La Commission administrative de l'Académie a répondu favorablement à la demande de M. Janssen.

M. le Ministre de l'Instruction publique autorisa l'Académie, ainsi qu'elle l'avait demandé, à prélever sur les reliquats des fonds Montyon une somme de 5000 francs, destinée à couvrir en partie les frais d'une mission scientifique confiée à M. Janssen.

Cette mission avait pour objet de lui permettre de continuer, à l'occasion de l'éclipse solaire du 22 décembre 1870 en Algérie, en Espagne ou en Sicile, les observations spectroscopiques qu'il a poursuivies dans l'Inde en 1869, et pour lesquelles il devait faire construire de nouveaux instruments.

Ce physicien partit en effet le 2 décembre par l'un des ballons construits à la gare d'Orléans, et voici en quels termes M. Dumas rendit compte de ce départ à l'Académie des Sciences :

« Ce physicien est parti de Paris vendredi, à 5 heures du matin, par un ballon spécial, le *Volta*. L'administration avait bien voulu le mettre entièrement à sa disposition ; cet appareil n'emportait que le savant, les instruments de la science et le marin chargé de la manœuvre.

» Notre confrère M. Charles Deville et moi, nous

assistions au départ de M. Janssen, soit pour l'aider dans ses derniers apprêts, soit pour lui donner une preuve de plus de l'intérêt que l'Académie porte à ses travaux. L'ascension, grâce aux précautions minutieuses de M. Godard aîné, s'est accomplie dans les meilleures conditions, et l'aérostat doit faire espérer le succès d'une expédition que menacent, il est vrai, des périls de plus d'un genre.

» Les Secrétaires perpétuels de l'Académie, il est utile de le déclarer publiquement, se portant garants du caractère absolument scientifique de l'expédition et de la parfaite loyauté de M. Janssen, l'ont recommandé officiellement à la protection et à la bienveillance des autorités et des amis de la science, en quelque lieu que les chances du voyage l'aient dirigé. Il fut un temps où ce témoignage aurait suffi pour lui assurer un accueil chevaleresque dans les lignes ennemies. On nous a appris le doute sur ce point. Aussi chacun a-t-il compris que des rigueurs et des menaces, non justifiées par les lois de la guerre, aient fait à M. Janssen comme un devoir de compter sur son propre courage et non sur la générosité d'autrui. Je suis entouré de témoins qui peuvent attester, cependant, qu'en pleine guerre, en 1813, Davy, un Anglais, recevait, dans ce palais même, l'hospitalité de la France, comme un hommage rendu au génie et aux droits supérieurs de la civilisation.

» En suivant du regard notre digne missionnaire dans l'espace où il se perdait peu à peu, j'ai senti ce souvenir se réveiller et renouveler en moi le besoin de protester, soit au nom de la Science, soit au nom des principes eux-mêmes, contre tout empêchement qui pourrait être mis à son expédition.

» Deux inventions françaises, liées aux gloires de l'Académie, ont concouru aux opérations de la défense : les ballons que Paris investi expédie, les dépêches microscopiques qui lui viennent sur l'aile des pigeons.

» La décision prise par le comte de Bismark de renvoyer devant un conseil de guerre les personnes qui, montées dans des ballons, essayent sans autorisation préalable de franchir les lignes ennemies intéresse donc l'Académie. Elle ne saurait accepter que des opérations de guerre soient punissables parce qu'elles reposent sur des principes scientifiques nouveaux; que l'homme dévoué qui, dans l'intérêt de la science, passe au-dessus des lignes prussiennes, soit coupable de manœuvre illicite; qu'en donnant enfin nos soins à l'aéronautique nous ayons contribué nous-mêmes à fabriquer des engins de guerre prohibés.

» Comment ! les voies de terre, de fer et d'eau nous étaient interdites, la voie de l'air nous restait seule, inconstante et douteuse ; elle n'avait jamais été pratiquée : quoi de plus légitime que son emploi? Nous l'avons conquise par des procédés méthodiques; et si elle fonctionne régulièrement au profit de nos armes, où est le délit ?

» Que l'ennemi détruise, s'il le peut, nos ballons au passage; qu'il s'empare de nos aéronautes au moment où ils touchent la terre, soit; c'est son intérêt, c'est la chance de la guerre; mais que les personnes tombant entre ses mains soient livrées à une cour martiale, au loin, en pays ennemi, comme des criminels, c'est un abus de la force !

» Lorsqu'un port est investi par terre, si la mer reste libre, l'assiégé n'a-t-il pas le droit de s'en servir ? que la tempête jette à la côte un de ses navires, l'équipage et les passagers seront-ils traités en espions qu'on aurait surpris pénétrant secrètement à travers les lignes ennemies ? Non ; ils seront prisonniers de guerre. Dans une ville entourée de toutes parts, comment, à son tour, la voie des airs serait-elle interdite ? Le ballon qui plane *au-dessus* des lignes *se glisse-t-il donc au travers* de ces lignes ? Lorsque toutes les populations suivent sa marche dans les airs, les unes amies, pleines d'espoir et l'accompagnant de leurs vœux ; les autres déçues et regrettant leur impuissance, comment soutenir qu'il s'agit d'une opération clandestine, et que ce vaisseau aérien est un instrument de guerre *se glissant secrètement* dans le camp assiégeant ?

» Mais je m'arrête. Le développement de cette question du droit des gens n'est pas de la compétence de cette Académie : il appartient à l'Académie des Sciences morales et politiques, et je n'ajoute qu'un dernier mot.

» Dans Syracuse assiégée, Archimède, opposant aussi aux efforts de l'ennemi toutes les ressources de la science de son temps, rendait pour les Romains l'attaque de plus en plus meurtrière. Marcellus, loin de lui faire un crime d'avoir prolongé la défense par ses inventions, ordonna que la vie de ce grand homme fût respectée, et, plein de regret pour sa mort fortuite, il entoura sa famille de soins et d'égards.

» Deux mille ans se sont écoulés, le christianisme a

répandu sa douceur dans les lois et dans les mœurs, et cependant un nouvel Archimède, pour avoir créé de nouvelles combinaisons de guerre, se verrait soumis aujourd'hui sans pitié aux rigueurs d'une cour martiale arbitraire, si son pays était trahi par la fortune !

» N'hésitons pas à le dire : en face de telles menaces, ceux d'entre nous que la construction des ballons occupe, ceux que l'Académie envoie en mission dans l'intérêt de la Science n'en sont point ébranlés ; et si la défense de Paris manquait d'aéronautes, on trouverait toujours, dans cette enceinte même ou autour d'elle, des mains exercées et des âmes fermes pour diriger ces patriotiques expéditions. »

L'Académie approuva les paroles de son illustre Secrétaire perpétuel, et le Bureau des Longitudes déclara partager entièrement les sentiments de l'Académie.

Trois semaines après, dans la séance du lundi 21 décembre 1870, M. Faye ajouta les remarques suivantes sur l'expédition de M. Janssen :

Quelques journaux ayant paru s'étonner qu'au milieu des circonstances graves où se trouve notre pays, le Gouvernement ait confié à M. Janssen la mission d'aller observer une éclipse, j'ai cru qu'il ne serait pas inutile de donner ici quelques explications sur l'importance du but qu'il s'agit d'atteindre.

On sait que dans ces dernières années la théorie physique du Soleil a été l'objet principal des efforts réunis des astronomes et des physiciens. Il ne faut pas s'en étonner : outre l'intérêt pour ainsi dire immédiat que présente pour nous l'étude de l'astre central de notre système planétaire, le Soleil est en quelque sorte le type de la formation la plus répandue dans l'univers. Étudier le Soleil, c'est étudier en même temps toutes les étoiles qui brillent au ciel, qui ont même origine, et qui passent par les mêmes phases de développement pour aboutir sans doute au même terme final. La découverte de l'analyse spectrale nous a ouvert pour cette étude des voies inespérées; l'un de ses plus beaux résultats est assurément la découverte de cette mince enveloppe d'hydrogène qui entoure le Soleil, mais qui répond si peu aux idées qu'on s'était faites, depuis longtemps, sur une vaste et puissante atmosphère dont beaucoup d'astronomes l'avaient doté. Aujourd'hui, grâce à M. Janssen et à son émule anglais M. Lockyer, on observe journellement les phénomènes étranges que nous présente la chromosphère, et peut-être on aurions-nous déjà la clef, si de graves événements n'étaient venus détourner presque tous les esprits des recherches de science pure.

Mais qu'y a-t-il au delà de cette chromosphère colorée des teintes rosées de l'hydrogène incandescent? Le Soleil finit-il là? Est-ce là que commence la région où la matière indépendante circule simplement autour du Soleil, sans faire corps avec lui, c'est-à-dire la région des planètes et des comètes? La question est capitale et non résolue. C'est celle dont M. Janssen va chercher la solution dans l'Afrique française, tandis que les astronomes italiens se sont déjà préparés à l'attaquer en Sicile, et les astronomes anglais, russes ou allemands en Espagne, à la même date et au même moment, le 22 de ce mois. Ils n'auront que deux minutes pour aborder le problème, car telle est la durée de cette éclipse totale. Sans blesser aucune susceptibilité, sans méconnaître le mérite éminent des observateurs de tous pays qui vont s'échelonner le 22 décembre sur le trajet de l'ombre lunaire, armés de leurs spectroscopes, je crois pouvoir dire que ce serait un malheur pour la science universelle si M. Janssen y manquait, et que, si les savants étrangers devaient désigner celui de leurs collègues de tous pays dont la présence serait le plus désirable, en cette occasion peut-être décisive, ils s'accorderaient tous à prononcer le nom de celui à qui nous devons la mémorable découverte du mois d'août 1868, que le télégraphe des Indes anglaises annonçait le lendemain à Paris.

La solution est importante, en effet : elle achèvera de nous fixer sur la constitution de notre système solaire; elle fera disparaître une foule d'hypothèses plus ou moins arbitraires qui empêchent encore aujourd'hui cette branche de la Science de revêtir le caractère positif des autres branches.

Il est certain qu'il existe de la matière à proximité du Soleil : l'auréole des éclipses avec sa lumière régulièrement polarisée en est une preuve indubitable; mais cette matière, est-ce celle d'une grande atmosphère gazeuse placée au-dessus de la chromosphère? Alors il faudrait qu'elle fût constituée par un gaz plus léger encore que l'hydrogène, car les éruptions gigantesques d'hydrogène incandescent qui s'élèvent de cette région ne tardent pas à retomber vers la chromosphère au lieu de monter continuellement comme elles le feraient dans les couches formées d'un autre gaz plus lourd. S'il en était ainsi, la nouvelle analyse inaugurée par M. Kirchhoff nous révélera la nature de ce gaz par les raies particulières qu'il fera naître dans le spectre de l'auréole. Mais cette matière circumsolaire ne serait-elle pas plutôt due à l'enchevêtrement de ces myriades d'anneaux de matériaux cosmiques qui circulent autour du Soleil en produisant pour nous le phénomène des étoiles filantes, ou encore aux effluves cométaires dont une partie doit décrire en tous sens, autour du Soleil, des ellipses plus ou moins allongées? Dans ce cas encore, le spectroscope nous décidera, parce que la lumière réfléchie par ces corpuscules rassemblés et condensés vers leur périhélie devra présenter tous les caractères de celle du Soleil. Reste, il est vrai, le chapitre de l'imprévu, car nos prévisions et nos théories deviennent bien incertaines dans ces régions limites : en tout cas nous pouvons compter sur M. Janssen pour ce chapitre-là.

Quoi qu'il en soit, nous voici en présence de l'observation la plus délicate et la plus difficile que l'on puisse concevoir aujourd'hui.

Un observateur habile risque d'y échouer complétement, s'il ne s'est préparé d'avance à toutes les éventualités. Que l'on songe à la courte durée de cette éclipse, et l'on comprendra qu'il ne suffit pas ici de l'habileté d'analyse incroyable qu'ont acquises, sur des phénomènes permanents et persistants, d'éminents observateurs tels que Huggins, Lockyer, Secchi, etc. : il faut encore s'être familiarisé comme M. Janssen, par des expéditions antérieures, avec des phénomènes essentiellement fugitifs ; il faut avoir comme lui cette inspiration soudaine qui porte à modifier ou à remplacer à l'instant un appareil trouvé insuffisant au moment décisif ; il faut posséder enfin une connaissance approfondie et surtout impartiale de toutes les théories qui peuvent guider ou aider l'observation.

C'est pourquoi j'ose dire que les observateurs de toutes les nations qui se sont donné rendez-vous le 22 décembre dans le midi de l'Europe regretteraient vivement l'absence de notre délégué ; ils seront heureux, au contraire, d'apprendre de lui que la France, malgré ses désastres passagers, n'a pas voulu se désintéresser, en cette occasion, d'un mouvement scientifique auquel elle a toujours pris tant de part.

Pour moi, je voudrais que ces rapides explications contribuassent à faire sentir au public que le Gouvernement n'a pas cédé à de minces considérations en accueillant le vœu de l'Académie, et en accordant à notre éminent missionnaire les moyens de représenter la science française dans une circonstance décisive où notre abstention eût été à la fois remarquée et regrettée ; je le remercie d'avoir, à l'avance, garanti le passage de M. Janssen en donnant à son excursion un caractère exclusivement scientifique. »

On dut attendre la fin du siége à Paris pour recevoir des nouvelles de l'expédition, qui n'a pas donné les résultats attendus, à cause du mauvais temps. On reçut le 27 février 1871, à l'ouverture de Paris, une lettre de M. Janssen rendant compte de cette expédition.

Parti de Paris le 2 décembre 1870, à 6 heures du matin, de la gare d'Orléans, son ballon a été poussé dans la direction de l'ouest-sud-ouest et passa au-dessus de Versailles, Chartres, le Mans, Château-Gontier. Il était à peine 11^h15^m quand la mer apparut. L'observateur descendit près de Savenay, à l'embouchure de la Loire, sans accident, malgré le grand vent. Les quatre caisses d'instruments étaient intactes.

Le ballon, qui au départ a été élevé vers 1100 mètres par abandon de lest, a continué régulièrement son mouvement ascensionnel par l'action solaire, et, fonctionnant alors comme une véritable mongolfière, il a accompli en cinq heures un quart un voyage de 400 kilomètres, à plus de 2000 mètres de hauteur, sans dépense de lest. C'est une vitesse moyenne de 76 kilomètres, où près de 20 lieues à l'heure.

Sorti du ballon, M. Janssen se dirigea sur Nantes par un train spécial, puis à Tours, où il arriva vers 11 heures du soir. A Tours, le directeur général des télégraphes envoya immédiatement une dépêche officielle au Gouvernement et à l'Académie sur l'heureuse arrivée du *Volta*.

Le savant physicien se dirigea sur Bordeaux et de là à Marseille, où il s'embarqua pour Oran, qu'il avait choisi comme station. Il arriva à Oran le 10 décembre, et prit immédiatement toutes ses dispositions pour l'éclipse.

Toutes les informations prises auprès des personnes ayant la plus grande expérience du climat algérien confirmaient le choix de la station d'Oran comme offrant, dans toute l'Algérie, les chances les moins défavorables à cette époque de l'année. M. Bulard, directeur de l'Observatoire d'Alger, s'était également déterminé pour Oran.

On sait que la ligne centrale passait un peu au-dessus d'Oran. Dans cette région se trouvent une suite de collines dont les pentes descendent d'un côté à la mer et de l'autre vers un grand lac salé, le lac Sebkha, presque toujours desséché. C'est sur la crête de ces collines que M. Janssen établit son observatoire. Il était ainsi sur la ligne centrale, assez loin de la mer pour n'en pas redouter les brumes, et dans une région où l'on observe ordinairement le ciel le plus pur.

On construisit deux cabanes : une pour l'Astronomie physique, une autre pour des observations qui devaient donner la longitude d'Oran. MM. Rocard et Pouyane, ingénieurs des Mines, qui se sont beaucoup occupés de la géologie et de la topographie de la province, désiraient profiter de l'éclipse pour perfectionner la longitude d'Oran, qui est défectueuse. Les observateurs disposaient de deux chronomètres anglais, pris récemment à la marine prussienne, de lunettes de 2 à 3 pouces d'ouverture pour l'observation des contacts, d'un excellent sextant de Brunner, et d'un théodolite pour le règlement des chronomètres. Cinq ou six personnes du service des Mines et des Ponts et Chaussées avaient été détachées pour compléter le personnel.

Pour ses observations physiques, M. Janssen disposait de trois instruments construits spécialement en vue de l'étude de l'auréole :

Un télescope de 37 centimètres d'ouverture, dont

les organes essentiels venaient de Paris, et qui avait été complété à Oran;

Un télescope de 16 centimètres d'ouverture, même modèle, qui avait été emporté pour le cas où un accident de route serait arrivé au télescope de 37 centimètres;

Une lunette de 108 millimètres d'ouverture, disposée pour les observations.

Chacun de ces instruments muni de spectroscopes, construits également en vue des exigences spéciales de la question à étudier.

Le télescope de 37 centimètres portait en outre une lunette polariscopique sortant des ateliers de Hartnack et Prazmowski.

Voici une disposition qui devait permettre à la fois de voir le phénomène général de l'auréole et d'en obtenir l'analyse spectroscopique. Elle pourra être utilisée aux prochaines éclipses.

Cette disposition consiste à placer le chercheur du télescope de manière que son oculaire se trouve à une distance du spectroscope précisément égale à celle qui sépare les axes optiques des yeux. L'observateur peut suivre ainsi, d'une part, le phénomène général dans le chercheur (dont les fils sont d'ailleurs parfaitement réglés sur la fente du spectroscope), et, d'autre part, le spectre des régions qu'il veut étudier. On se dispense ainsi d'un observateur spécial placé au chercheur, et il en résulte une unité et une rapidité d'observation qui sont sans prix, en présence des phénomènes si fugitifs d'une éclipse.

Cependant, à mesure que la journée décisive approchait, le temps devenait plus mauvais. Afin de diminuer les risques de mauvais temps, M. Janssen détacha de ses instruments le télescope de 16 centimètres, qu'il confia à M. Marcou, ancien élève de l'École Polytechnique et professeur de Physique à Oran. Après avoir été initié au point précis qu'il s'agissait d'élucider en cette circonstance, celui-ci partit pour Tiaret, petite ville distante de 200 kilomètres d'Oran, vers l'est; elle est élevée et sur le bord de hauts plateaux. Le temps y est assez fréquemment opposé à celui de la plaine.

Il était un autre point sur lequel l'observateur tenait à obtenir des informations : c'est l'aspect précis des formes de l'auréole aux divers points de la ligne centrale. On pourra tirer de cette donnée de très-utiles lumières, touchant le siége de l'auréole et son origine tellurique ou solaire. Dans cette intention, notre savant physicien avait fait faire à Paris cinq objectifs, de 3 mètres environ de foyer, montés de manière à pouvoir être fixés à une fenêtre, et munis des mouvements nécessaires à l'orientation par rapport au Soleil. Des dessinateurs du service des Mines et des Ponts et Chaussées, fort habitués à prendre rapidement des croquis, se mirent avec beaucoup de zèle à sa disposition. On s'exerça plusieurs jours à suivre le Soleil et à dessiner rapidement son disque et ses taches projetés sur un écran blanc. Quand ces messieurs furent parfaitement au courant, ils se dirigèrent vers leurs stations respectives.

M. Bouty se rendit à Batna, dans la province de Constantine; M. Tiné, à Aïn-Oussera, au sud d'Alger, dans la région des hauts plateaux coupée par la ligne centrale. M. Haudas partit pour Gibraltar, où il devait s'élever vers le nord, pour aller chercher à Estepona la région de centralité. M. Janssen garda auprès de lui les deux autres observateurs. Il devait obtenir ainsi cinq dessins de l'auréole, obtenus par une méthode uniforme, et en des stations distribuées sur la plus grande partie de la ligne centrale. Ces dessins auraient montré comme constant tout ce qui appartient aux régions circumsolaires, et comme variables les phénomènes nés localement dans l'atmosphère terrestre.

Mais tous ces préparatifs n'eurent malheureusement pas une issue en rapport avec la peine que l'on s'était donnée. Le temps exceptionnellement mauvais, même pour la saison, ne permit pas d'observation à Oran, non plus qu'à Batna et à Aïn-Oussera. A Relisane, où M. Marcou s'était arrêté par la nécessité des circonstances, l'auréole ne se montra que quelques secondes, et il fut impossible de faire aucune observation. M. Haudas fut aussi dans l'impossibilité d'observer.

Toute l'Algérie et le bassin de la Méditerranée eurent à subir des pluies et de violentes perturbations atmosphériques, qui commencèrent vers le milieu de décembre. Quand le missionnaire scientifique revint de la province de Constantine, le 18 janvier, des sinistres avaient encore lieu en mer, et son paquebot dut rallier les côtes d'Espagne pour gagner Marseille.

Quelques jours avant l'éclipse, il avait appris l'arrivée principale de la Commission anglaise, qui avait aussi choisi Oran comme la station offrant le plus de chances favorables. Cette Commission se composait de MM. Huggins, Tyndall, amiral Ommanez, Crookes, R. Hortslett, Carpenter, Hemter, capitaine Noble, lieutenant Ommanez, lieutenant Collins. Ces messieurs avaient formé auprès des autorités prussiennes la demande de la libre sortie de Paris de l'observateur français. Celui-ci les remercia de cette démarche, et leur apprit le mode tout nouveau de voyage qui lui avait permis de venir au rendez-vous scientifique sans y avoir recours.

M. Janssen terminait son rapport à l'Académie en lui annonçant qu'il comptait lui envoyer incessamment une relation détaillée de son voyage en ballon (*).

Telle a été l'expédition de M. Janssen en Algérie. On le voit, le ciel ne l'a pas favorisée, et il est regrettable de voir ainsi perdre tant de peines, tant de fatigues et tant d'argent. Mais heureusement, ou malheureusement, les fastes de l'Astronomie permettent de s'en consoler, surtout si, comme nous le rappelions naguère à propos du passage de Vénus, on se souvient de la double mésaventure de l'astronome Legentil à Pondichéry, en 1761 et 1769.

Les astronomes anglais ont été plus heureux, car l'éclipse a pu être observée en Espagne, à Cadix, par lord Lindsay, accompagné de MM. Brown, Becker, Davis, Scott, Rogers et Winson. Elle a été également observée à Xérès par M. Abbay, à Puerto de Santa-Maria par M. Perry. A Gibraltar M. Talmage a eu un fort mauvais temps. En Sicile, les astronomes améri-

(* *Voyez* cette intéressante relation à l'Appendice.

5.

cains ont pu faire des observations complètes. En Angleterre, l'éclipse a été observée dans sa phase partielle, et diverses photographies ont pu être prises. Voici les résultats de toutes ces observations, résumées d'après les communications adressées à la Société astronomique de Londres.

Le premier soin de l'observateur de Cadix fut de dessiner soigneusement le disque du Soleil avec ses taches, afin d'examiner l'arrivée de la Lune devant elles. Le premier contact du disque solaire avec le disque lunaire eut lieu à $22^h 50^m 3^s,50$, temps moyen de Greenwich. A ce premier contact, on n'observa rien qui ressemblât à des taches de lumière sur le limbe de la Lune; elle avait l'apparence d'un disque circulaire avec un bord uni; l'obscurité de la Lune était égale à celle du ciel environnant, et l'on n'a pu faire aucune différence. Quelque temps après cependant, le contour dentelé de la Lune était marqué sur le Soleil. A l'occultation des taches du Soleil, la Lune parut plus noire que ces taches et même que le noyau. Le moment tant désiré de l'obscurité totale arriva à $0^h 14^m 52^s,50$. Lord Lindsay fit aussitôt diriger le réticule du chercheur sur une portion de la couronne éloignée environ à 8 à 9 minutes du disque obscurci du Soleil et trouva un *spectre continu* à peu près égal en intensité à celui que la Lune donne lorsqu'elle est dans son dernier quartier. Il n'y avait aucune ligne brillante ou sombre. Le spectroscope, dirigé vers différents points situés entre $4^m 30^s$ et 25 minutes, c'est-à-dire jusqu'au sommet de la couronne (ces positions sont marquées sur le dessin par des points noirs), donna le même résultat, c'est-à-dire un spectre continu privé de toutes lignes.

Fig. 4.

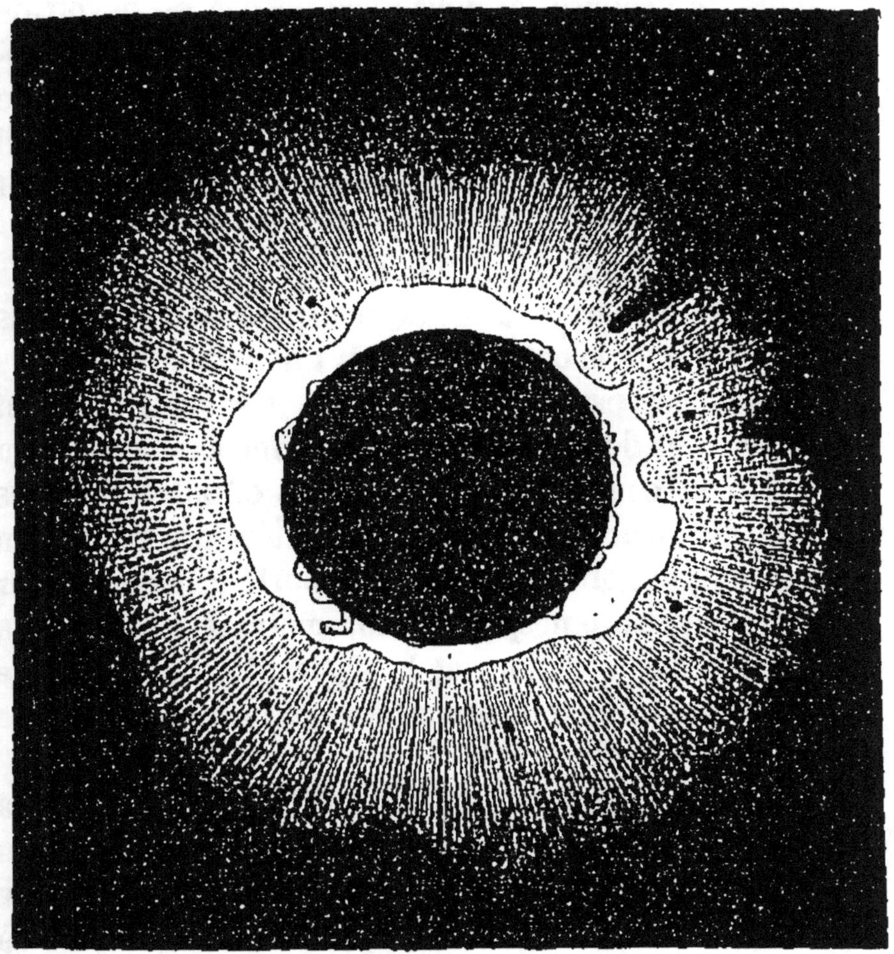

L'éclipse totale du 22 décembre 1870. — Observation de Cadix.

Il y avait alors autour du disque solaire plusieurs protubérances, dont l'une, mesurée dès la veille, n'atteignait pas moins de 55 000 milles. Plusieurs d'un rouge éclatant pouvaient être facilement vues à l'œil nu. Examinées au spectroscope, elles donnèrent les lignes C', D, E, *b*, F, G, *h*.

Lord Lindsay s'est appliqué à faire un dessin de la totalité de l'éclipse, et nous nous faisons un devoir de reproduire ce dessin ici (*fig.* 4). Ce qu'il y a de plus remarquable dans ce croquis, c'est la différence évidente qui y est signalée entre la couronne qui avoisine le Soleil et celle qui s'étend à une grande distance. L'une et l'autre sont du reste très-irrégulières dans leurs contours. L'intérieur avait la couleur et l'aspect de la perle avec un certain éclat de phosphorescence, tandis que le reste de la couronne avait une faible teinte violette nuancée par places de rayons verdâtres et violet rougeâtre et décroissant en clarté avec sa distance au Soleil. Son contour était ébréché et offrait même des sortes de lacunes. La couronne intérieure était bien différente, et l'observateur serait porté à la considérer comme une chromosphère achromatique entourant la chromosphère régulière et la séparant de la couronne proprement dite ; il propose même de lui donner le nom de leucosphère (*).

L'un des observateurs remarque qu'au moment de la totalité le Soleil et la Lune parurent se précipiter l'un dans l'autre comme une roue qui entrerait dans une autre ; aussitôt la couronne apparut : elle resta jusqu'à la fin de la totalité. L'obscurité n'a jamais été assez

(*) Cette distinction de la couronne en deux zones bien distinctes, intérieure et extérieure, a déjà été observée en France, à Montpellier, par Plantade et Capié, pendant l'éclipse totale de 1706.

complète pour obliger à se servir de lampe. Quelques
nuages, élevés à environ 3 degrés de la Lune, parais-
saient plus illuminés que les autres par la lumière de
la couronne et des protubérances.

Au moment de la totalité, un sentiment de solitude
et de tristesse parut s'étendre sur tout le monde, et
l'on entendit distinctement le murmure de toutes les
voix s'éteindre jusqu'à ce que la réapparition du Soleil
eût en quelque sorte ressuscité la ville. La totalité fut
de $2^m 9^s$. Quelques moments après la fin, des nuages
s'étendirent sur le ciel et empêchèrent de continuer
avantageusement les observations, de telle sorte qu'on
ne put observer le dernier contact. Le vent s'éleva, le
drapeau britannique qui flottait sur l'Observatoire
Marie-Louise fut abattu par une raffale. Les éléments
semblaient dire : nous vous avons assez privilégiés
jusqu'ici pour satisfaire votre désir d'observer, votre
utilité ou votre agrément; maintenant que c'est à peu
près terminé, nous pouvons reprendre nos jeux et nos
fonctions interrompus.

Tel est le résumé des observations de lord Lindsay. Ré-
sumons de la même façon celles du révérend S.-J. Perry.

1° *Forme de la couronne.* — A peu près en quadri-
latère, contour mal défini. Plus grande en étendue au-
dessus des protubérances rouges; dans le quart NO,
on la distinguait jusqu'à une distance d'environ les
sept huitièmes du diamètre de la Lune. On ne remarquait pas de raies ni de courbes, mais seulement un
éclat de lumière s'évanouissant avec la distance; cette
uniformité était toutefois variée par quatre ou cinq
légères lacunes sombres rayonnant du limbe. Les

raies vues à la station de lord Lindsay, où le ciel était clair, étaient peut-être d'une structure trop délicate pour être visibles ici ; il y avait un voile de cirrus.

2° Dans l'intérieur de la couronne entourant la chromosphère, on remarquait une bande étroite d'un blanc d'argent dont la largeur égalait environ un dixième de diamètre solaire. L'intensité de la lumière était uniforme sur toute cette bande, tandis qu'elle allait en s'évanouissant dans la couronne avec la distance du Soleil.

3° *Durée de la couronne*. — L'observateur n'a pas vu la couronne avant le commencement de la totalité, étant occupé au spectroscope ; et d'après le lieutenant Worgand, on constate que la fin de la totalité a été observée à $0^h 17^m 12^s$, et que la couronne n'a disparu que 35 secondes plus tard. Cette durée était tout a fait inattendue.

4° *Nature de la couronne*. — Les observations spectroscopiques n'ont pas été suffisantes, à cause de l'état de l'atmosphère, pour qu'on puisse en tirer des conclusions sérieuses. « Les lignes brillantes vues sur le corps sombre de la Lune par le capitaine Mac Lear, dit M. Perry, montrent que nous ne devons recevoir que sous caution les observations de lignes brillantes, dans la couronne, qui coïncident avec celles de la chromosphère, spécialement lorsque les lignes brillantes sont dispersées par les nuages et l'atmosphère. »

Saturne se trouvait pendant l'éclipse à la distance de deux fois le diamètre du Soleil, et a été observé par plusieurs astronomes.

Quelle est la cause de la couronne solaire? Oudemann a proposé d'admettre qu'elle est due à la réflexion de la lumière par des particules en suspension dans l'espace. Mais, dirons-nous avec M. Proctor, en admettant la probabilité que les espaces interplanétaires soient occupés jusqu'à une distance plus grande que le rayon de l'orbite terrestre par la matière capable de réfléchir une certaine proportion de lumière, il paraît toutefois improbable que la quantité de cette matière qui est comprise dans l'intérieur de l'orbite lunaire puisse réfléchir une quantité de lumière appréciable. Il paraît surtout invraisemblable que, dans de pareilles circonstances, le ciel du méridien, pendant la nuit, reste sombre comme il l'est lorsque, pendant une éclipse de Soleil, il serait illuminé d'une manière aussi appréciable. On peut remarquer, il est vrai, avec le professeur Adams, que certaines substances, telles que le drap noir ou le velours, sont visibles lorsque les rayons de la lumière arrivent obliquement, tandis que les rayons qui tombent verticalement sur leur surface sont absorbés. Mais certainement toutes les formes de la matière, que nous connaissons comme appartenant aux espaces interplanétaires, seraient mieux vues lorsqu'elles sont placées, comme les planètes, en opposition, que lorsqu'elles sont dans la place des planètes en conjonction inférieure. Il est certain qu'un groupe de petits météores situés à la place de la Lune quand elle est pleine nous renverrait incomparablement plus de lumière que le même groupe situé à la place de la Lune quand elle est nouvelle.

Voici maintenant une autre considération contraire également à cette théorie. Supposons que la quantité de matière éclairée, située de ce côté-ci de la Lune pendant l'éclipse totale, soit appréciable par elle-même : la quantité beaucoup plus grande, située au delà de la Lune et placée aussi près pour l'illumination oblique requise, serait énormément plus considérable et serait illuminée avec beaucoup plus d'éclat.

Maintenant la grande lacune en forme de V observée dans la couronne à différentes stations pendant cette éclipse est restée la même pendant toute la totalité. Une observation aussi positive que celle-là, se rapportant à un objet qui s'étend à une grande distance (presque à un demi-degré du bord de la Lune), ne peut pas être erronée. Si l'on ajoute que la brillante couronne intérieure était visiblement déprimée au-dessus de cette lacune, on peut en tirer quelques conclusions importantes que voici :

La couronne paraît être une aurore solaire. Si l'action des forces solaires rayonnantes qui engendrent cette aurore est plus énergique dans la zone des taches et spécialement dans les régions où des taches sont visibles ces jours-là, nous aurions non-seulement une explication de la forme trapézoïde de la couronne, si souvent remarquée, mais encore une explication de la coïncidence que l'on a observée entre la période des taches solaires et celle des aurores terrestres.

La *couleur de la Lune* pendant cette éclipse parut verte. Un observateur l'a comparée à celle du velours vert foncé. Au premier abord, on peut chercher l'explication de ce fait en remarquant que l'air situé dans la direction de la Lune est éclairé par la couronne, dont la principale ligne spectrale est verte. Mais comme la couronne elle-même ne paraît pas verte, nous devons supposer que la plus grande partie de sa lumière est en réalité celle qui donne le faible spectre continu. Donc la couleur verte observée sur le disque de la Lune n'est pas due à l'influence de cette lumière.

Il reste à en chercher l'explication dans la clarté renvoyée à la Lune par la Terre pendant l'éclipse. La quantité de cette clarté est considérable, puisqu'elle est plus de treize fois plus intense (pour des surfaces égales) que celles de la pleine Lune. Or, si l'on examine la proportion de terre et d'eau qui se trouvaient à la surface de l'hémisphère terrestre tourné vers la Lune pendant la totalité de l'éclipse, on remarque que la teinte bleue verdâtre de l'Océan et la teinte brune de la Terre ont dû donner, comme résultante, la couleur vert sombre observée.

Pendant l'éclipse de 1860, les continents et les mers vus de la Lune se trouvaient dans une proportion bien différente. L'éclipse étant arrivée en été, les régions boréales et continentales de la Terre étaient vues moins en raccourci, et de plus, l'éclipse ayant eu lieu vers trois heures de l'après-midi, les deux Amériques étaient avancées sur le disque terrestre qui regardait la Lune. On devait donc s'attendre à ce que, dans ces circonstances, le disque de la Lune présentât une teinte brune, et c'est ainsi, en effet, qu'on l'a décrite.

On peut remarquer, à ce propos, qu'il est probable que notre Terre, vue de stations lointaines, telles que Vénus ou Mercure, est ordinairement verte, mais quelquefois d'un brun foncé. Sa rotation doit y être facile à reconnaître par un télescope par ses simples changements de couleur.

M. Charles Weston, membre de la Société astronomique de Londres, avait pris soin de marquer d'avance les groupes des taches solaires pour étudier la réfrangibilité à la surface lunaire et spécialement la manière dont se conduiraient les taches les plus larges, dans leurs contours vertical et horizontal, pendant le passage de la ligne de l'obscurité sur elle. Mais les grandes ondulations rendirent superflus ces essais comme ceux qui avaient pour but de constater l'irrégularité du limbe lunaire. Cet astronome a toutefois fait une remarque importante : c'est que le disque de la Lune qui recouvrait le Soleil n'était pas uniformément sombre, mais éclairé à une certaine distance de sa périphérie en s'étendant en même temps le long de l'arc de contact. Pour être sûr de cette observation, il pria son ami, le capitaine de Blaquière, de la contrôler; et elle fut en effet confirmée.

On a vu plusieurs fois dans les éclipses précédentes une brillante bordure adjacente, mais extérieure au limbe lunaire, et l'on a mathématiquement discuté cette observation; mais ici l'illumination était intérieure. Déjà, pendant l'éclipse annulaire de 1858, M. Stuart a remarqué le même effet dans des circonstances analogues. Voici ses propres expressions : « La lumière venue du Soleil était très-facile à distinguer en dedans du bord de la Lune et illuminait légèrement le corps sombre de notre satellite jusqu'à une courte distance : sans doute la lumière solaire était infléchie par une atmosphère lunaire rare. »

Cette explication de la réfrangibilité d'une atmosphère lunaire est assez naturelle en soi; mais, lors-

qu'on la met en regard avec toutes les autres observations contemporaines, on reconnaît qu'elle est très-
peu probable. On peut remarquer que ce fait a été
observé dans des circonstances où la définition du
limbe lunaire est mauvaise, tandis que, lorsqu'elle est
nette, on n'a pas observé cette sorte d'illumination.
« Ne devons-nous pas en conclure, dit en terminant
M. Weston, que cette apparition est plutôt le résultat
des conditions du milieu atmosphérique, à travers
lequel on voit les corps célestes, que celui de l'état de
ces corps eux-mêmes? Ou bien encore ne proviendrait-
elle pas de ces phénomènes nerveux oculaires, non pas
précisément subjectifs, mais de sensation, dont a déjà
parlé M. Airy à propos des bandes lunaires lumineuses (*). »

A l'Observatoire de Paris, on n'a pas observé cette
éclipse, dont la plus grande phase atteignit les quatre-
vingt-trois centièmes du diamètre solaire. Mon ami

(*) Tels sont les résultats principaux des observations
de cette importante éclipse. Nous avons reçu, trop tard
pour en tenir compte ici, la magnifique publication ita-
lienne : *Rapporti sulle Osservazioni dell' ecclisse totale di
Sole del 22 decembre 1870, eseguito in Sicilia dalla Com-
missione italiana* (Palermo 1872); la *Notice* méthodique du
P. Denza; les *Osservazioni magnetice e meteorologiche* faites
à cette occasion à Gênes par le professeur Garibaldi; les
observations du P. Secchi, de Tacchini, Lorenzoni et Muller;
le *Bullettino meteorologico ed astronomico* de l'Observatoire
de Turin, etc. Ce retard nous engage à prier MM. les Astronomes de vouloir bien nous envoyer leurs publications
aussitôt qu'elles ont paru, afin que ce petit recueil soit,
selon notre désir, aussi complet que possible.

regretté Sonrel, qui avait fait les préparatifs de cette observation à l'équatorial du jardin, mourut quelques jours avant, subitement emporté par une maladie terrible. J'ai essayé, aux fortifications (on se souvient qu'à cette époque de l'année maudite tous les citoyens français étaient sous les armes), de faire des mesures photométriques par un procédé de mon invention. Les résultats n'ont pas été dénués d'intérêt, et voici la communication que j'adressai à l'Académie des Sciences dans la séance du lundi suivant 26 décembre.

L'ÉCLIPSE DE SOLEIL DU 22 DÉCEMBRE 1870. MESURE DE LA VARIATION DE LA LUMIÈRE.

Plusieurs astronomes et physiciens ont pris soin d'observer, pendant les dernières éclipses de Soleil visibles en France, la variation de température causée par l'occultation de l'astre du jour et manifestée par le thermomètre. Il m'a paru intéressant d'observer la variation de lumière causée par le même phénomène. Malheureusement nous n'avons pas, pour mesurer la lumière, d'instrument indicateur faisant pour cet agent l'office que remplit le thermomètre pour la chaleur.

A l'époque de mes voyages scientifiques en ballon, la mesure de la lumière atmosphérique, inférieure, intérieure et supérieure aux nuages, avait été inscrite à mon programme d'observations, et j'ai dû chercher les moyens de parvenir à cette constatation. Après avoir vainement cherché une substance dont la propriété, rappelant celle de la pupille, eût été de se contracter ou de se dilater suivant l'intensité de la lumière, j'ai imaginé un appareil enregistreur dont les indications sont fournies par du papier sensible, albuminé et nitraté dans un bain spécial minutieusement mesuré. Cet appareil, auquel j'ai donné le nom de *Photomètre*, a été construit en 1867 par M. Lecoq, horloger de la marine de l'État; il m'a servi depuis cette époque à observer les variations photométriques des jours et des mois, de la même manière que les variations calorifiques sont observées sur le thermomètre.

Jeudi dernier, 22 décembre, j'ai appliqué la même méthode à mesurer les effets de l'éclipse de Soleil, la diminution de lumière correspondant aux différentes phases de ce rare phénomène, rare en réalité, puisque nous n'avons plus que quatre grandes éclipses de Soleil visibles en France jusqu'à la fin du siècle.

Une bande de papier préparé se déroule dans un cylindre, mue par un mouvement d'horlogerie. La lumière s'accuse par la teinte plus ou moins foncée que prend le papier indicateur sous son influence; le mouvement d'horlogerie est réglé selon la durée des observations à faire. S'il s'agit d'une observation de moins d'une heure, telle que la mesure de l'intensité de la lumière en certaines régions d'un voyage aérostatique, celle du lever ou du coucher du Soleil, etc., on prend le mouvement d'une heure. S'il s'agit d'une observation plus longue et constante, tel que l'enregistrement de l'état du ciel pendant toute une journée, on prend le mouvement de douze heures. La durée de l'exposition du papier sensible à la lumière dépend de l'ouverture de la fenêtre du cylindre, dont on peut faire varier la .argeur. Habituellement, et particulièrement pour les mesures qui font l'objet de cette Note, j'ai donné à l'exposition une durée de 3 minutes.

Avant et après l'éclipse, les observations ont été faites d'heure en heure. Pendant l'éclipse, les teintes du papier exposé ont été arrêtées de 10 en 10 minutes, et vers le milieu de l'éclipse de 5 en 5 minutes. J'ai eu de la sorte vingt-huit photographies successives de l'intensité de la lumière. L'appareil, placé horizontalement, était légèrement incliné vers le Sud, à cause de la faible hauteur du Soleil sur notre horizon au solstice d'hiver. J'ai pris soin, naturellement, de me placer dans un lieu absolument découvert (sixième secteur de l'enceinte de Paris), d'où la voûte céleste est entièrement visible.

J'ai l'honneur de mettre sous les yeux de l'Académie le tableau de ces observations photométriques du 22 décembre. On y remarque, dès la première vue, l'accroissement graduel de la teinte de l'indicateur photométrique, dû à la progression de la lumière elle-même, depuis 7 heures du matin où elle est nulle, jusqu'à 11 heures où elle atteint sa plus grande intensité. Puis on la voit sensiblement décroître jusqu'après midi 40 minutes, milieu de l'éclipse, où la phase du phénomène atteint 83 centièmes du disque solaire. Ensuite la lumière s'accroît de nouveau jusqu'à la fin de l'éclipse, et atteint son second maximum à 2 heures. Enfin elle décroît successivement d'heure en heure jusqu'à 5 heures, où elle est de nouveau nulle.

Le ciel a été couvert ou nuageux pendant la journée

entière, et le Soleil n'a brillé qu'à de rares intervalles.
Si le ciel eût été pur, la dégradation du papier indicateur eût été parfaitement uniforme, et la teinte la plus
faible du temps de l'éclipse eût été celle de la plus

Fig. 5.

Phase centrale de l'éclipse du 22 décembre 1870, à Paris.

grande phase. Cependant on voit sur le tableau que la
lumière continue de diminuer après midi 40^m, et reste
très-faible pendant 15 minutes. Ce fait vient de ce que
le ciel s'est couvert davantage après le milieu de
l'éclipse. Pour rectifier et compléter le sens des indications de la teinte, j'ai inscrit à la colonne des observations les circonstances qui ont accompagné certaines
phases de l'éclipse.

Dans ces essais d'une mesure de la lumière, j'ai,
pour pouvoir comparer diverses observations entre

elles, adopté une échelle de teintes, étendues depuis
le blanc jusqu'au noir, et numéroté ces teintes depuis
zéro jusqu'à 20. Ce sont là, en quelque sorte, des
degrés de lumière, qui peuvent être comparés aux degrés de chaleur révélés par le thermomètre. La nuance
la plus foncée (20 degrés) a été quelquefois atteinte
dans les beaux jours d'été. En hiver, la plus grande intensité de lumière en plein soleil ne dépasse pas
16 degrés. Il va sans dire que le papier photométrique
subit toujours la même préparation, et reste le même
temps exposé. Comme on l'a remarqué en faisant la
somme des degrés de chaleur envoyés par le Soleil
pour mûrir les diverses espèces de plantes, on peut ici
remarquer quelle immense différence existe dans la
somme des degrés de lumière qui atteignent le sol,
entre les différentes époques de l'année.

Cette échelle photométrique que j'ai adoptée est
arbitraire ; les nuances sont difficiles à fixer sans être
diversement affaiblies ; les moments successifs de l'exposition n'agissent pas d'une manière identique : cette
méthode est donc défectueuse en plusieurs points, et
je me hâte de le faire remarquer pour appeler l'attention des amis des Sciences sur un moyen plus absolu
d'obtenir la mesure exacte de la lumière.

Le long tableau photographique qui représente ces
variations de lumière de la journée du 22 décembre ne
pouvant être reproduit dans l'impression de cette Note,
on peut y suppléer par une figure plus petite qui le
résume. Ainsi, à 8 heures du matin, au lever du Soleil
(ciel couvert), il n'y avait que 4 degrés de lumière.
A 9^{h}30^m, le photomètre donne 11 degrés ; à 10 heures,

12 degrés, et à 11 heures, 14. Ici le ciel,
en partie découvert, laisse apercevoir
le Soleil pendant la moitié de la durée
de l'exposition. L'éclipse commence
à 11ʰ20ᵐ. La lumière descend successivement à 13, 12, 11, 10 et 9 degrés
jusqu'à midi 35 minutes. A midi
39 minutes, plus grande phase de
l'éclipse, la Lune cachant les 83 centièmes du Soleil, la lumière tombe
à 8°,5. En ce moment, les nuages
ralentissent leur marche rapide jusqu'alors, la température de l'air est
descendue depuis midi de — 5 à — 6
degrés, un silence se fait dans la nature ; les oiseaux, qui tout à l'heure
volaient et faisaient tapage, se taisent
et sont cachés ; on n'entend absolument que le bruit lointain du canon.
Le photomètre, descendu à 8 degrés,
ne remonte qu'à 1 heure où il marque
9 degrés. Puis il atteint 11 degrés
à 1ʰ20ᵐ, 12 à 1ʰ40ᵐ, et 13 à la fin
de l'éclipse : 1ʰ57ᵐ. A 3 heures il
redescend à 9 degrés, à 4 heures à 3,
et à 5 heures la lumière est retombée
à zéro. Telles sont les circonstances
générales de l'observation photométrique des effets de l'éclipse.

Il n'y avait sur le disque solaire
qu'un groupe de taches, formé de deux

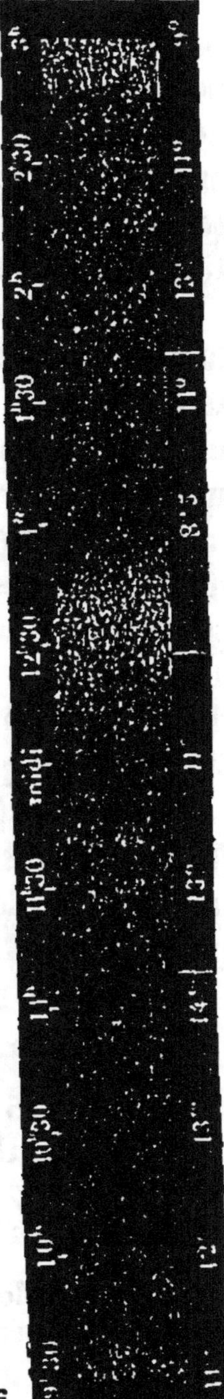

foyers principaux et situés dans la région nord-ouest, et une tache isolée à l'ouest du centre. Cependant nous sommes actuellement à l'époque d'un maximum de taches solaires, les derniers maxima ayant eu lieu en novembre 1847 et octobre 1859, les derniers minima en avril 1856 et février 1867, et les comparaisons montrant que le maximum arrive environ trois ans de tiers après le minimum.

J'ajouterai une dernière observation générale. La lumière joue dans la nature un rôle non moins important que celui de la chaleur. Les données fournies par un photomètre satisfaisant ne seraient pas moins utiles peut-être à la Météorologie que celles du thermomètre : c'est ce que des études futures nous apprendront. Mes essais de mesures, comme mon appareil, sont très-imparfaits; mais on me pardonnera de les avoir exposés, s'ils peuvent susciter des recherches qui donnent un jour à ce mode d'observation les perfectionnements qui lui manquent (1). »

Je n'ai pas fait d'observation thermométrique, mais je trouve dans les *Monthly Notices* de la Société astronomique de Londres qu'il en a été fait à Manchester par M. J.-B. Danun.

Voici cette série (M. N, January, 1871) :

h m	Fahr. °	Cent. °	h m	Fahr. °	Cent. °
11 10	31,5	— 0,28	11,22	27,20	— 2,67
35	30,25	— 0,97	35	28,85	— 1,94
45	29,75	— 1,25	37	29,0	— 1,67
50	29,25	— 1,53			

(*) Extrait des *Comptes rendus des séances de l'Académie des Sciences*, séance du 26 décembre 1870.

On voit qu'il y a eu 2°,4 C. de différence de température en moins entre le commencement de l'éclipse et la plus grande phase, et que le thermomètre s'est relevé de 1 degré C. au dernier contact.

LA CHRONOLOGIE ANCIENNE ET LES ÉCLIPSES.

Une curieuse tablette assyrienne, portant la mention expresse d'une éclipse, appartient au Musée britannique. M. Rawlinson, en étudiant cette tablette, en a tiré les inductions suivantes : « C'est à une époque antérieure de dix-huit ans à l'avénement de Téglath-Phlaser que se rapporte l'inscription que voici : « Il y a eu dans le mois de Sivan une éclipse de So » leil », et comme signe de la grande importance de l'événement, une ligne est tracée en travers de la tablette, sans qu'il y ait aucune interruption d'ailleurs dans l'ordre officiel des éponymes. Nous avons donc ici la constatation d'une éclipse de Soleil visible à Ninive, qui dut arriver à une distance de moins de quatre-vingt-dix jours de l'équinoxe (supposé le commencement normal de l'année), et que nous devons présumer avoir été totale, d'après l'importance donnée à sa commémoration. Or, pendant un siècle, soit avant ou après le commencement de l'ère de Nabonassar, une seule éclipse se trouve dans ces conditions, c'est celle qui arriva le 15 juin de l'année 763 avant Jésus-Christ. Si je ne me trompe, les astronomes ne conserveront aucun doute sur l'identité de l'éclipse dont le souvenir nous est transmis par la tablette cunéiforme, avec cette éclipse de juin, 763 ans avant Jésus-Christ, qui commença avant midi, qui fut totale pour Ninive et visible dans toute l'Asie occidentale. S'il en est ainsi, nous avons mathématiquement un pivot sur lequel tournent toutes les évolutions du Canon assyrien; car nous pouvons compter les lignes, sans omission d'une seule, pendant cent quarante-six ans avant l'éclipse et pendant quatre-vingt-dix-sept ans après, et nous pouvons ainsi déterminer positivement la date de tout événement remarquable compris dans cet intervalle, non-seulement dans l'histoire assyrienne, mais encore dans l'histoire juive, en tant que la seconde, pendant cette période, est liée avec la première. J'ai eu la satisfaction de trouver que les évolutions chronologiques qu'on obtient ainsi donnent à un nom près les mêmes dates que j'avais conclues, dans un précédent examen du Canon, de considérations tout à fait différentes. Que les nombres du texte hébreu de la Bible soient entachés de quelques inexactitudes, qu'ils abrégent d'environ quarante années l'intervalle d'Ézéchias à Achab, il n'y a là rien qui puisse donner lieu à de sérieuses objections. Il n'est pas de nos jours un théologien chrétien qui soutienne l'exactitude absolue de la chronologie des Livres saints. La filiation générale des noms et des événements est la même dans la Bible que dans les annales de l'Assyrie, et le nouveau Canon nous offre des allusions à la présence des Assyriens en Palestine et à Damas, pendant l'intervalle controversé, qui pourront aider à rectifier la chronologie et peut-être à réconcilier l'Écriture avec les dates assyriennes. »

L'Astronomie prête souvent un grand secours à la Chronologie ancienne. Celle-ci est toutefois, dans certains cas, bien difficile à établir. Ainsi, après l'annonce précédente, M. Oppert répondit, dans la *Revue archéologique,* que la liste déduite de la confrontation des tablettes du Musée britannique, avec l'éclipse de 763, devait présenter une lacune de quarante à cinquante ans.

Nous avons la suite complète des règnes dont l'époque est incontestable, celle de Sargou et de Sennachérib. Or, en ajoutant tous les noms d'archontes, nous arrivons, par les époques d'Achab, de Jéhu et de Hazaël, à 835 ans avant Jésus-Christ. Quelle que soit l'autorité qui s'attache à ces documents ninivites, nous devons tenir compte de notre connaissance imparfaite et nullement nous mettre en désaccord avec des données historiques aussi précises que celles des Livres des Rois.

Puis, chose grave, un nom royal connu par la Bible était supprimé dans les Tables : c'était le roi Phul. De suite, on inventait une foule d'artifices pour rayer ce roi de l'histoire ; on voulait le confondre avec Téglath-Phalasar, pour le dépouiller de son caractère souverain. Mais c'était inutile, sa suppression exprimait justement la difficulté chronologique.

Phul était Chaldéen, donc il comptait par années de son règne, sans désigner d'éponymes. Les Tables faites pour des Assyriens ne contenaient absolument que des noms et rien autre chose. Les Ninivites qui s'en servaient, sans qu'on leur fît l'aumône d'une indication quelconque, pas même d'une suscription, étaient réputés savoir qu'à une certaine époque avant un certain roi, il y avait eu une prise de Ninive, un règne babylonien, un bouleversement général et une interruption d'éponymies.

C'est cette opinion que défend M. Appert, quoiqu'elle ait eu contre elle l'autorité de sir Henri Rawlinson. Mais, il faut le dire, l'érudit britannique n'explique ni la disparition du roi Phul, ni la divergence chronologique, et croit devoir passer par-dessus ces objections en suspectant la réalité de la Chronologie biblique. Le savant français soutient son opinion, précisément à l'aide d'une découverte dont nous sommes redevables à l'éminent érudit anglais.

Il est évident que pour se servir de la liste d'éponymes avec utilité, il faut pouvoir la rattacher à un fait chronologiquement déterminable. D'autre part, il est clair que, si cette liste est continue, on n'aura besoin que d'un seul point d'attache ; mais si la solution de continuité existe, il faudra, pour chacun des deux tronçons, deux points d'attache différents ; dans la supposition de la liste continue, il faudra, d'autre part, que toutes les dates puissent raisonnablement se subordonner à cette date déterminable.

Or un point d'attache existe : dans l'année IX, après la séparation qui indique le règne d'*Assour-Edil-El*, 91 ans après l'éponymie qui mentionne Achab d'Israël à côté du dix-huitième nom précédant le règne de Téglath-Phalasar, on lit :

Dans l'année de Pour-el-Salkhe, gouverneur de Gazan, révolte à Libzu. Au mois de Sivan (c'est-à-dire le 30 *Sivan*) *le Soleil fut éclipsé.*

Le mois de Sivan correspond au mois de juin. Or, la liste des éclipses, réputée exacte, du chanoine Pingré, imprimée dans l'*Art de vérifier les dates*, ne fournit que deux éclipses solaires, centrales toutes les deux, auxquelles on puisse appliquer ce fait selon les deux systèmes :

L'une, du 15 juin 763 avant Jésus-Christ (9238);

L'autre, du 13 juin 809 avant Jésus-Christ (9192).

La première, celle que sir Henri Rawlinson a cru pouvoir admettre, fut totale. D'après l'abbé Pingré, elle eut lieu, dans sa phase centrale, vers 10^h 15^m du matin (temps de Paris); les données de son calcul peuvent faire déterminer que la trace centrale allait depuis la Guyane, le Sénégal, l'Afrique nord-ouest, la mer Égée, la Syrie, la Mésopotamie, entre Ninive et Babylone, la Perse, le nord de l'Inde, pour aller s'éteindre au Thibet.

Admettons, ajoute M. Oppert, que, physiquement, le tracé de l'éclipse centrale suffise aux exigences les plus rigoureuses. Est-il chronologiquement possible? Nous ne le pensons pas.

Dans les idées du savant général, l'éponymie de Dayanassour, l'année de la mort d'Achab, ou tout au plus celle qui précéda cet événement, tomberait en 854 avant Jésus-Christ. Ceux-là mêmes qui ont, contrairement à tous les textes, raccourci le plus la Chronologie sacrée, n'ont jamais pu arriver à la fixer en deçà de 881. La mort de Salomon tomberait alors en 932 avant Jésus-Christ, et la date la plus basse que même les synchronismes phéniciens permettent de fixer est celle de 969 ans avant Jésus-Christ. Il est tout simplement impossible de raccourcir encore de 37 ans ce comput déjà trop diminué.

Donc, dit en terminant Oppert, l'identification de l'éclipse proposée par sir Henri Rawlinson est inadmissible :

1° A cause de la date de l'avénement de Sennachérib ;

2° A cause de la date qui en résulterait pour la mort de Salomon ;

Et 3° à cause de la suppression du règne de Phul, roi d'Assyrie.

Examinons maintenant la date proposée par le savant français pour l'éclipse solaire du 30 Sivan de Pour-el-Salkhe.

Cette éclipse serait celle du vendredi 13 juin 809 avant Jésus-Christ (9192), 30 Sivan de l'an 2952 judaïque.

Selon l'abbé Pingré, elle eut lieu à 9^{h}45^m du matin ; elle fut visible en Europe, en Afrique et en Asie, et elle fut annulaire, mais presque totale pour les lieux de la trace centrale. Les calculs dont il fournit les éléments établiraient que cette ligne avait commencé au sud-ouest des Açores, aurait traversé ensuite une partie de l'Espagne, de la France, de l'Allemagne, de la Pologne, pour continuer à travers la Russie, le midi du Turkestan, le Thibet jusqu'à Canton. Le phénomène aurait donc été visible à Ninive.

Œltzen, notre ancien collègue de l'Observatoire de Paris, a calculé cette éclipse, et les données rectifiées dues à l'émendation des Tables de la Lune et du Soleil ont établi que, conformément aux calculs du chanoine Pingré, l'éclipse était annulaire, mais qu'elle eut lieu deux heures plus tôt, et que sa trace centrale était plus méridionale. Selon Œltzen, l'éclipse était presque centrale à Ninive, les centres des astres n'y ayant eu qu'une distance de 55 secondes, c'est-à-dire $\frac{1}{24}$ du diamètre solaire apparent. Elle approchait de la totalité, puisqu'on fixe sa grandeur à *onze doigts et demi* ($11^d,56$) et détermine la trace centrale de l'éclipe annulaire au sud de Ninive.

Donc l'éclipse du 13 juin 809 (9192) remplit les conditions voulues.

Déduisons maintenant les faits historiques.

L'éponymie de Dayanassour est donc fixée en 900, et la date exacte du commencement de l'expédition de Salmanassar contre Achab et ses auxiliaires, 13 Jyar de Dayanassour, au mois de mai 900 (9101). C'est donc vers 899 que nous devons placer la mort d'Achab, date établie par M. de Saulcy. La mort de Salomon serait arrivée vers 978 avant Jésus-Christ, date qui se rapproche également de celles qui sont adoptées généralement.

La dernière éponymie de l'ancien empire eut lieu en 792 ; M. de Saulcy avait fixé la première destruction de Ninive à 788 avant Jésus-Christ, et même cette date peut se soutenir, en tenant compte des quatre ans qui se placèrent entre la révolte des sujets du roi d'Assyrie, selon Diodore (II, 25-27), et le sac de Ninive.

Nous avons encore une autre confirmation, et celle-là tirée des textes assyriens. Le roi Sardanapale III

(*Asur-na-ir-habal*) s'exprime ainsi sur le début de son règne :

« Au commencement de mon règne, dans ma première période annuelle, il arriva que le Soleil, l'arbitre des régions célestes, jeta sur moi son obscurcissement propice; avec puissance, je m'assis sur le trône. »

Évidemment, il s'agit ici d'un phénomène céleste coïncidant avec l'avénement du roi. Ce ne pourrait être une éclipse complète, car un pareil phénomène n'était guère regardé comme propice, mais le mot *salul*, surtout à cause des idéogrammes qui lui sont substitués dans quelques exemplaires du texte, ne comporte que le sens d'une obscuration partielle ou totale. Ce n'est qu'à une éclipse très-peu visible à Ninive qu'on puisse appliquer cette expression de « propice ».

L'avénement de Sardanapale III ayant eu lieu 121 ans avant l'éclipse de 809, il nous reste à examiner si avant la fin de l'archontat, c'est-à-dire *avant l'automne de* 930 avant Jésus-Christ (9071), un phénomène remplissant les conditions déterminées se produisit. En effet, il y eut une éclipse totale le 2 juin 930, à 2^{h}45^m du soir, dont la trace centrale s'étendait, selon le chanoine Pingré, depuis Mazatlan, les États-Unis, le Labrador, le nord de l'Europe, jusqu'au Turkestan. L'éclipse a donc dû être faiblement visible à Ninive.

Nous pouvons donc fixer la date de l'avénement du rénovateur de Calah (Nimrond), au mois de Sivan d'*Asursezibanni*, soit le 2 juin 930 avant notre ère.

Ce qui donne pour les dates principales de la Bible :

9071	930	Avénement de Sardanapale III (2 juin).
9101	900	(octobre-novembre). Mort d'Achab.
9144	857	Règne de Bélochus et de Sémiramis.
9191	810	Avénement d'Ozias de Juda.
9192	809	13 juin, *éclipse de Soleil*.
9209	792	Première prise de Ninive. Interruption des éponymes pendant 47 ans.
9257	744	13 Jyar (mai). Avénement de Téglath-Phalasar.
9280	721	Règne de Sargon (fin d'hiver). Prise de Samarie (été).
9334	667	Règne de Sardanapale et de son frère Samoul-Samoukin (Saosduchin de Ptolémée).
9395	606	Destruction de Ninive.
9413	588	9 Ab (août). Destruction de Jérusalem par Nabuchodonosor.

Nous avons voulu donner ces calculs dans ces *Études*, parce qu'ils montrent une fois de plus que l'Astronomie est la base de l'Histoire.

RECHERCHES SUR LES SPECTRES DES GAZ, EN RELATION AVEC LA CONSTITUTION PHYSIQUE DU SOLEIL, DES ÉTOILES ET DES NÉBULEUSES.

Après les études précédentes relatives aux dernières éclipses observées, il est intéressant, pour cette revue générale des derniers travaux astronomiques, de résu-

mer les recherches faites récemment, surtout en Angleterre et en Italie, sur l'atmosphère — ou plutôt les
atmosphères — du Soleil.

On sait qu'en Angleterre MM. Frankland et Lockyer
s'occupent, depuis plusieurs années, de l'examen attentif du spectre de certains gaz et de diverses vapeurs
dans des conditions variées de pression et de température. Leur but, en faisant ces expériences, est de jeter une nouvelle lumière sur les découvertes qui ont
été faites récemment, relativement à la constitution
physique de l'astre du jour.

Quoique ces recherches soient loin d'être terminées,
ces laborieux observateurs pensent qu'il est opportun
maintenant de présenter les résultats principaux qu'ils
ont obtenus.

Il y a une enveloppe continue autour du Soleil. Dans
le spectre de cette enveloppe, que, pour rendre la description plus claire, on a nommée la *chromosphère,* la
ligne de l'hydrogène qui correspond à la ligne verte
F de Fraünhofer prend la forme d'un fer de flèche et
s'élargit depuis la partie élevée jusqu'à la base de la
chromosphère.

Ordinairement, dans une protubérance, la ligne F
est presque de la même épaisseur que la ligne C.

Quelquefois, dans une protubérance, la ligne F est
très-brillante et se gonfle de manière à présenter l'apparence d'une bulle au-dessus de la chromosphère.

La ligne F et la ligne C, dans la chromosphère,
s'étendent sur le spectre des régions subjacentes et
intervertissent la ligne de Fraünhofer.

Il y a près de D une ligne, visible dans le spectre

de la chromosphère, à laquelle ne correspond aucune ligne de Fraünhofer.

Il y a beaucoup de lignes brillantes, visibles dans le spectre solaire ordinaire, près des bords du Soleil.

Une ligne nouvelle apparaît quelquefois dans la chromosphère.

D'après ces résultats, il devenait d'une importance capitale :

1° D'étudier avec beaucoup de soin le spectre de l'hydrogène dans des conditions variées, dans le but de déterminer s'il existe une ligne dans l'orangé;

Et 2° de déterminer la cause de l'épaississement de la ligne F.

On peut remarquer, à propos de l'épaississement de la ligne F, que dans le Mémoire de MM. Plücker et Hittorf les phénomènes de l'expansion des lignes spectrales de l'hydrogène sont complétement établis, mais que la cause des phénomènes reste indéterminée.

Cette expansion est due à la pression, et ne dépend pas d'une manière appréciable de la température.

Après avoir constaté que les phénomènes présentés par la ligne F dépendent de la pression et indiquent des pressions variables, MM. Frankland et Lockyer purent déterminer la pression atmosphérique sur une protubérance dans laquelle les lignes rouge et verte sont d'une largeur à peu près égale, et sur la chromosphère à travers laquelle la ligne verte se dilate graduellement à mesure qu'on approche du Soleil.

Quant aux légères protubérances, les milieux gazeux dont elles sont formées existent dans des conditions de ténuité *excessive*, et à la surface la plus basse de la chromosphère elle-même la pression est bien inférieure à celle de l'atmosphère de la Terre.

Les apparences globuleuses de la ligne F mentionnées, peuvent indiquer de violents courants convergents ou un foyer local de chaleur, car il n'y a aucun doute que la chromosphère ne présente une activité des plus intenses.

Parlons, pour un moment, du spectre de l'hydrogène. Certaines expériences n'ont pas encore été exécutées, elles ont été ajournées à cause de ce fait, que la ligne brillante près de D n'a pas de correspondante parmi les lignes de Fraünhofer. Ce fait implique que, si la ligne est une ligne de l'hydrogène, l'absorption élective de la chromosphère est insuffisante pour intervertir le spectre.

Il faut se rappeler que la couche de gaz incandescent qui est traversée par les rayons lumineux le long du limbe du Soleil, et dont la radiation nous donne le spectre de la chromosphère, est très-grande, comparée avec l'épaisseur de la chromosphère elle-même dans le sens du rayon. Cette épaisseur serait d'environ 221 863 kilomètres près du limbe.

Les faits mentionnés ici mènent nécessairement à diverses modifications importantes de la théorie reçue de la constitution physique de notre centre lumineux, théorie qu'on doit à Kirchhoff, qui la fondait sur son examen du spectre solaire. Suivant cette hypothèse, la photosphère elle-même serait solide ou liquide, et environnée d'une atmosphère composée de gaz et de vapeurs des matières incandescentes dans la photosphère.

« Au lieu de cette atmosphère composée, disent les observateurs, nous en trouvons une qui nous donne, en toute circonstance, simplement le spectre de l'hydrogène. Cependant elle n'est pas nécessairement composée d'hydrogène seul, et ce point attire surtout l'attention. La ténuité de cette atmosphère incandescente est telle, qu'il est extrêmement improbable qu'une atmosphère considérable, telle que la couronne avait paru l'indiquer, puisse exister en dehors de celle-ci. Cette opinion est fortifiée par le fait que les lignes brillantes de la chromosphère ne présentent aucune apparence d'absorption, et que sa condition physique n'est pas celle de l'équilibre. »

Quant à la photosphère elle-même, loin d'être une surface solide ou un océan liquide, il résulte des expériences faites et des observations, qu'elle doit être nuageuse ou gazeuse, et peut-être l'une et l'autre. Les observations faites séparément ont montré :

1° Que la condition gazeuse de la photosphère est tout à fait conciliable avec son spectre continu. MM. de la Rue, Stewart et Lœwy ont aussi admis la possibilité de cette condition ;

2° Que le spectre de la photosphère contient des lignes brillantes quand on observe le limbe : ces lignes brillantes indiquent probablement une écorce extérieure gazeuse de la photosphère ;

3° Qu'une tache dans le Soleil est une région d'absorption particulière ;

4° Qu'il arrive parfois que des matières photosphériques paraissent être injectées dans la chromosphère.

Ces faits n'indiqueraient-ils pas que l'absorption, à laquelle sont dus les renversements du spectre et les lignes de Fraünhofer, se rencontre dans la photosphère elle-même ou extrêmement près d'elle, au lieu de se produire dans une atmosphère absorbante, étendue, extérieure? Et cette conclusion n'est-elle pas fortifiée quand on considère que s'il en était autrement, et d'après la théorie de Kirchhoff, les lignes brillantes, nouvellement découvertes dans le spectre solaire lui-même, devraient être renversées? Il n'en est cependant pas ainsi. Il ne faut pas oublier que la radiation élective de la chromosphère n'indique pas nécessairement la totalité de l'absorption élective qu'elle peut exercer; mais les expériences portent à croire que, si une quantité quelque peu considérable de vapeurs métalliques s'y trouvait, leur spectre brillant ne serait pas entièrement invisible dans toute l'étendue de la chromosphère.

Des vapeurs de magnésium, de fer, etc., sont quelquefois injectées dans la chromosphère du Soleil et sont ainsi rendues sensibles par leurs raies spectrales brillantes.

Ces vapeurs, pour la plus grande partie, n'atteignent qu'une très-faible élévation dans la chromosphère, et ce n'est que dans de rares occasions que la vapeur de magnésium flotte comme un nuage séparé de la photosphère.

Il a été établi, en outre, le 14 mars 1869 (et un dessin où on l'indique a été envoyé à la Société royale), que, lorsque les vapeurs de magnésium sont ainsi injectées, les lignes spectrales n'atteignent pas toutes la même hauteur. Ainsi, parmi les lignes b, b' et b^2 sont de hauteurs presque égales ; mais b^4 est beaucoup plus courte.

On a découvert depuis que, des 450 lignes du fer observées par Angström, un très-petit nombre seulement sont indiquées dans le spectre de la chromosphère quand la vapeur du fer y est injectée.

Les expériences sur l'hydrogène et l'azote ont permis de relier immédiatement ces phénomènes en admettant, toujours comme l'exige l'hypothèse, que la plus grande partie de l'absorption à laquelle sont dues les lignes de Fraunhofer, a lieu dans la photosphère elle-même.

En fait, il a suffi d'admettre que, comme cela a lieu dans le cas de l'hydrogène et de l'azote, le spectre devient plus simple quand la densité et la température sont moindres, pour rendre compte de la réduction du nombre des lignes visibles dans ces régions, où la pression et la température des vapeurs absorbantes du Soleil sont à leur minimum.

On conçoit que, pour vérifier l'exactitude de cette hypothèse, il était intéressant de faire quelques expériences de laboratoire. C'est ce qui a eu lieu, en effet, et en voici les résultats :

On a tiré l'étincelle dans l'air, entre deux pôles de magnésium séparés de telle sorte que le spectre du magnésium ne s'étendît pas d'un pôle à un autre, mais fût visible seulement sur une petite distance indiquée par l'atmosphère de magnésium existant autour de chaque pôle.

On a examiné avec soin la disparition des lignes *b'* et *l'on a trouvé qu'elles se conduisent exactement comme elles le font dans le Soleil*. Des trois lignes, la plus réfrangible est la plus courte, et plus courtes encore que celles-là sont d'autres lignes, que l'on n'a pas encore découvertes dans le spectre de la chromosphère.

Ces expériences préliminaires justifient donc l'hypothèse que la masse de l'absorption a lieu dans la photosphère, et que celle-ci et la chromosphère forment la véritable atmosphère du Soleil. En fait, si les expériences avaient été faites dans l'hydrogène, au lieu d'être faites dans l'air, les phénomènes indiqués par le télescope auraient été presque exactement reproduits, car chaque élévation dans la température de l'étincelle a fait que la vapeur de magnésium s'est étendue plus loin du pôle, et quand les lignes étaient raccourcies, on observait, au-dessus d'elles, une bande qui est peut-être en connexion avec une certaine bande qu'on observe quelquefois dans le spectre de la chromosphère elle-même, lorsque les lignes du magnésium ne sont pas visibles.

On doit penser, du reste, que, malgré tous les éléments d'expérience et tous les soins possibles, on ne saurait jamais arriver à reproduire, dans un laboratoire de cette planète, les faits qui s'accomplissent dans l'immense foyer de l'astre colossal auquel la lumière et la vie de la Terre sont suspendues.

ÉTUDE DE LA SURFACE DU SOLEIL.

Les nombreuses observations des protubérances solaires, faites pendant les années 1869 et 1870, ont conduit le P. Secchi à une classification de ces phénomènes, qui ne sera pas sans intérêt pour la science. Les astronomes physiciens se sont occupés des protubérances, surtout au point de vue de l'analyse spectrale, et ceux qui ont fait attention à leur forme en ont plutôt relevé la grandeur et les accidents les plus extraordinaires que la structure ordinaire. L'ingénieux directeur de l'Observatoire de Rome a voulu surtout étudier et classer ces particularités de la surface solaire dans leur état général, et il est arrivé à établir les curieuses constatations suivantes, présentées à l'Académie des Sciences dans sa séance du 2 octobre 1871.

Bien que ces particularités soient très-variables, bien que leurs caractères ne soient pas tellement tranchés qu'on ne puisse passer de l'un à l'autre, il y a cependant lieu à une classification de détail fort instructive. Commençons par la chromosphère.

Chromosphère. — Elle se présente sous quatre aspects bien tranchés.

(*a*) Le premier aspect est celui d'une couche nettement terminée, comme serait la surface libre d'un liquide. Son éclat tranche parfaitement à l'extérieur avec l'espace sombre environnant; on remarque seu-

lement une faible diminution d'intensité près du bord
extérieur comme dans cette figure :

Fig. 7.

(*b*) Ordinairement, la chromosphère est garnie de
petits filaments semblables à des poils brillants, dirigés
dans un même sens, plus ou moins inclinés (*fig.* 9).
Cette structure s'observe surtout entre les latitudes
moyennes et les pôles. L'entraînement des filets n'est
pas toujours dirigé dans le sens des courants supérieurs, qui transportent les protubérances, mais cela
arrive très-souvent.

(*c*) Quelquefois, surtout dans les régions des fa-

Fig. 8.

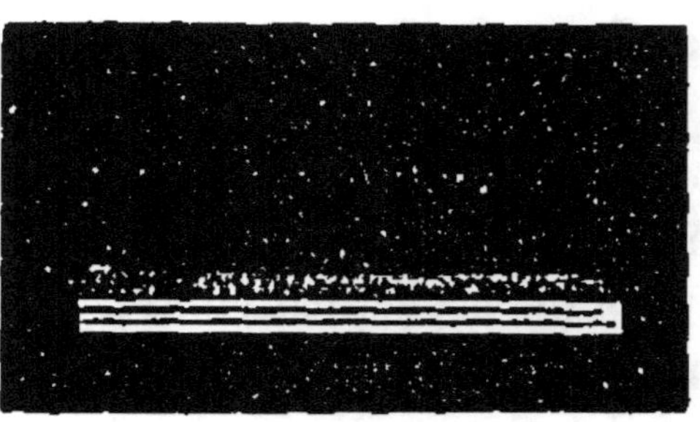

cules, la surface est diffuse (*sfumata*), de manière
qu'il est difficile de dire où elle s'arrête (*fig.* 8).

(*d*) Enfin, le plus ordinairement, la chromosphère est terminée irrégulièrement et garnie de petits appendices coniques irréguliers, ou de petites flammes dirigées en tous sens. Ce sont des protubérances rudi-

Fig. 9.

mentaires, plus fréquentes dans les points du périmètre solaire où se présentent les granulations ou marbrures de la surface: de sorte qu'il paraît exister une dépendance entre cet état de la chromosphère et les granulations (*fig.* 10).

Fig. 10.

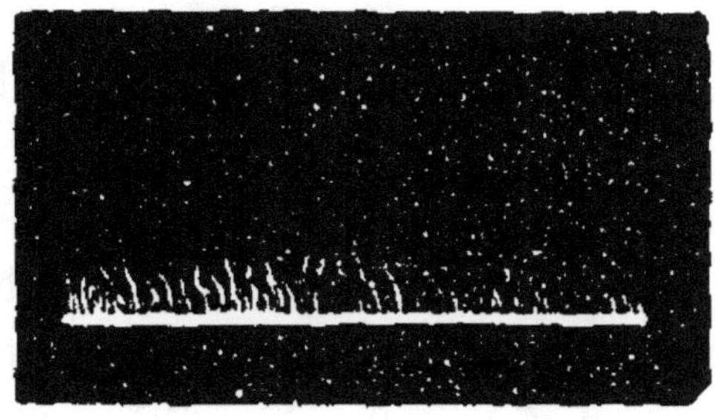

On pourrait désigner ces quatre aspects de la chromosphère par les noms de *plate, velue, diffuse* et *flamboyante.*

PROTUBÉRANCES. — Elles sont de trois espèces principales : en forme d'*amas*, de *jets* et de *panaches*.

Amas. — Les amas sont de deux sortes : les uns sont des élévations en forme de monticules très-

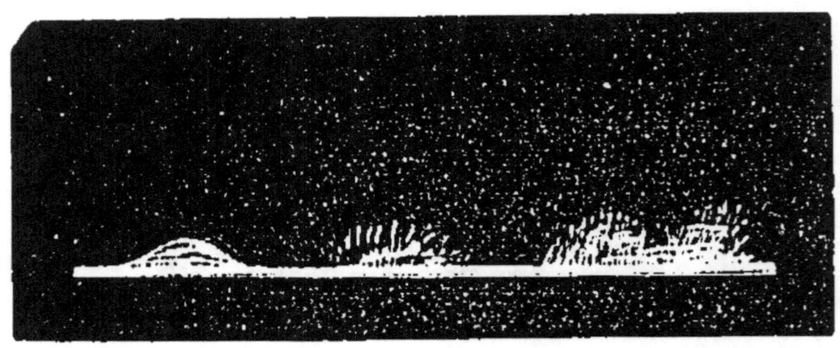

Fig. 11.

brillants (*fig.* 11), dans l'intérieur desquels on ne voit aucune distribution nette de la masse; sur leur contour, ils sont généralement diffus ou garnis de poils. Ces amas paraissent être de simples surélévations de la chromosphère, n'excédant guère 15 à 20 secondes; leurs formes sont variables, mais généralement arrondies.

Une deuxième sorte d'amas est formée d'agglomérations plus diffuses, légères, ressemblant aux *cumuli* de notre ciel (*fig.* 12). On les rencontre dans les environs des taches, mais en général cette forme est plutôt rare et paraît dériver d'une nébulosité diffuse qui cache l'organisation intérieure du jet.

Le P. Secchi désigne ces deux premières sortes d'amas par les noms d'*amas brillants* et d'*amas cumuliformes*.

Une troisième sorte d'amas est composée de masses

nuageuses, très-légères et diffuses, situées au sommet des grandes protubérances, là où la dissolution des

Fig. 12.

panaches produit des lueurs faibles et de légers voiles *cirriformes* (*fig*. 19, 20 et 24) au sommet des masses.

Jets. — Cette dénomination comprend ces flammes vives et brillantes qu'on trouve surtout dans le voisinage des taches et dans la couronne brillante de facules qui les environne.

La figure suivante montre quelques formes de ces jets.

Fig. 13.

Quelques-uns sont triangulaires, comme des pointes d'épée courtes et roides, mais très-vives, et en même temps d'une variabilité extrême ; ils prennent rarement un grand développement en hauteur, et durent peu de temps. Voici une forme de jets que l'on rencontre très-

Fig. 14.

rarement sur une grande échelle : on peut leur donner le nom de *cônes*. Les cônes très-courts sont très-fréquents ; ils s'allongent souvent en prenant une forme curviligne très-gracieuse ; ainsi, voici un exemple de cette transition rapide en filets curvilignes nom-

Fig. 15.

breux, dans un intervalle de vingt minutes de temps. Cette transformation ne s'effectue pas par degrés, mais, en général, l'une des formes venant à disparaître, l'autre s'y trouve substituée après un intervalle de tranquillité très-court. L'aspect de ces dernières formes de jets est celui de *flammes* transportées par le vent : elles sont très-communes près des taches et très-vives.

Fig. 16.

L'intensité lumineuse dans les jets est toujours très-grande, et le fond même est plus lumineux que le reste du contour solaire. Ils offrent parfois des formes vraiment magnifiques, comme les plus beaux bouquets de feux d'artifice qu'on puisse imaginer ; les branches, retombant en forme de paraboles plus ou

Fig. 17.

moins inclinées, offrent une beauté pour ainsi dire artistique. Certains jets représentent la tête de magnifiques palmiers, avec leurs gracieuses courbures de rameaux. La *fig.* 15 représente un jet composé, où les branches, sorties ensemble de la base, se séparent à une certaine hauteur, dans différentes directions. Plus ordinairement la tige, très-vive et très-brillante, paraît, à une certaine hauteur, se diviser en rameaux (*fig.* 17). On voit la chevelure supérieure tantôt entraînée par le vent dans la direction du jet, et tantôt repoussée en sens contraire de la direction de la tige. Ces formes sont toujours compactes, filamentaires à la base, et terminées franchement au sommet en filets sans nuages. Leur lumière est si vive, qu'on les voit à travers les nuages légers, lorsque la chromosphère disparaît ; leur spectre indique, outre l'hydrogène, la présence de plusieurs autres substances. On peut les appeler *gerbes*. On trouve souvent dans ces gerbes une variation de réfrangibilité des raies, qui se traduit par un doublement de la raie normale, ou par une diffusion d'un côté ou de l'autre ;. cet effet serait dû à la grande vitesse de transport de la masse lancée. Souvent les gerbes, arrivées à une certaine hauteur, s'arrêtent et se transforment en masses brillantes très-vives, qui, après quelque temps, restent isolées comme des nuages. Un caractère propre des gerbes, comme des flammes, est la courte durée : il est rare qu'elles durent une heure ; c'est souvent l'affaire de quelques minutes.

Panaches. — Cette troisième espèce de protubérances présente quelques caractères communs avec les jets, mais elle en diffère considérablement : 1° par une moindre intensité lumineuse ; 2° par une plus grande persistance en durée ; 3° par la terminaison à la partie supérieure, qui souvent se résout en nuages pommelés, comme nos nuages terrestres déchiquetés ;

4° par la diffusion et la hauteur énormément plus grande qu'on y rencontre ; 5° par les assemblages très-volumineux qu'elles forment ; 6° enfin par la situation dans laquelle elles se présentent indifféremment sur toutes

Fig 18.

les parties du bord, tandis que les jets se rencontrent seulement près des taches ou dans leur région. Nous distinguerons leurs formes en *simples* et *composées*.

Les formes simples (*fig*. 18 et 19) consistent en des

Fig. 19.

masses de filaments, larges à la base et rétrécies en pointe (*a*), (*b*), (*c*). On les rencontre soit droites (*b*), soit courbées par l'action évidente de courants qui les entraînent. Il n'est pas rare de voir dans ces panaches des inflexions doubles bien marquées [*fig.* 18 et 19 (*c*), (*d*), (*e*)], comme si le jet avait une forme spirale. Une forme assez belle et qui n'est pas rare est la forme [(*f*) *fig.* 19], qui tient à la chromosphère par une langue très-mince et s'élève sur ce pendicule en s'élargissant en forme de fleur. Parfois ces panaches offrent une grande étendue (*g*).

Ces formes peuvent atteindre toutes les hauteurs. Ordinairement, à une certaine élévation, elles s'épa-

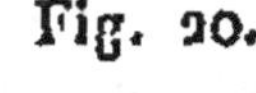

Fig. 20.

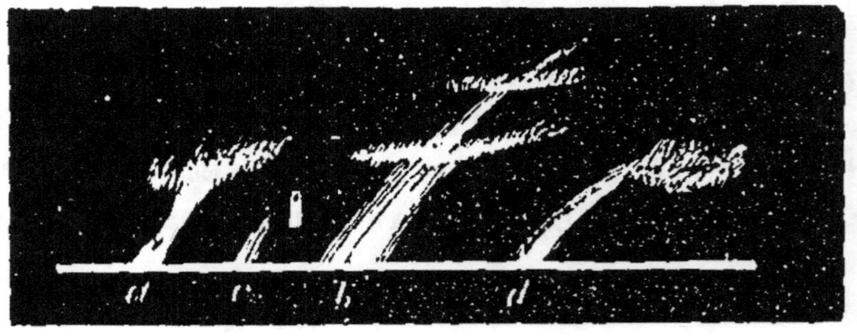

nouissent en traînées et en nuages (*fig.* 20). Le panache (*a*) est terminé par une masse nuageuse diffuse, à une élévation comparativement petite. Le panache (*b*) se relève en corne, coupé en trois étages de nuages. Le panache (*d*) présente un nuage qui est attaché seulement par une queue. Le panache (*c*) est un filet presque isolé, qui se replie en retombant normalement. Il peut se faire cependant quelquefois que ces nuages soient simplement projetés sur les panaches ; mais on les voit souvent se former à leur sommet.

Les panaches se présentent sous toutes les inclinaisons possibles, depuis ceux qui sont perpendiculaires jusqu'à ceux qui se traînent sur la surface solaire. On les trouve accouplés [*fig.* 21 (*a*)] ou convergents (*b*),

Fig. 21.

ou assemblés, mais avec une inclinaison différente (*b*). Il est probable qu'une grande partie de ces formes sont dues à un effet de perspective, et que leurs bases sont très-éloignées dans la direction du rayon visuel.

Il est cependant remarquable que la forme des

Fig. 22.

filets, à la base, est en général très-voisine de la verticale, et s'incline ensuite avec beaucoup de délicatesse pour s'élever souvent en haut. Leur structure ressemble à un assemblage de longs poils réunis, et plus particulièrement à des moustaches. Les filets sont généralement serrés, de sorte que, si l'air n'est pas favorable, on les prendrait pour des nuages continus. Aux pôles, on les trouve généralement plus clair-semés, presque perpendiculaires au bord (*fig.* 22) dans toute leur hauteur (évidemment faute de courant qui les entraîne), et confus au sommet en un nuage très-faible.

De l'assemblage de ces jets naissent les masses composées, pour lesquelles on ne peut donner des types constants, car elles sont sujettes à tous les caprices possibles.

Plusieurs de ces masses se présentent avec une organisation qui leur fait attribuer, au premier aspect, une structure réticulée (*fig.* 23), laissant des trous

Fig. 23.

obscurs et des ouvertures béantes. Cette continuité apparente se présente surtout dans des circonstances atmosphériques mauvaises; mais, avec un grossissement convenable et un air favorable, en examinant bien leur structure, on trouve que cet aspect résulte seulement de l'entre-croisement des panaches. Prenons

l'une des figures les moins compliquées, la *fig.* 24 :
nous voyons que les masses des filets divergents de trois

Fig. 24.

9 juillet 1871.

centres *a*, *b*, *c*, qui se joignent en formant des arcades,
et laissent des intervalles qui, vus sur le fond obscur
de la raie C, paraissent des trous noirs *m*, *n*. Si les jets
sont plus déliés, mais plus nombreux, on aura l'aspect

Fig. 25.

d'arcades de la *fig.* 25, où ils se croisent dans toutes
les directions, laissant entre eux des interstices trapé-
zoïdaux et triangulaires curvilignes ; mais comme les

masses, en se croisant, se diffusent, les angles de ces figures se trouvent arrondis, et il en résulte des figures ovales dans des masses compactes, comme le montre

Fig. 26.

la *fig*. 26. La *fig*. 23 est produite de la même manière, avec l'addition d'une nébulosité plus compacte.

Ces masses atteignent des hauteurs énormes, de 150 à 200 secondes, parfois de 240 secondes, très-rarement plus. Leur sommet est cependant, en général, très-déchiqueté et semblable en tout aux amas de *cirro-cumuli* que nous voyons à l'extrémité des nuages orageux, et qui forment un ciel *pommelé*. Un fait très-intéressant, c'est qu'elles s'élèvent toujours sur la chromosphère par de petits jets isolés, et jamais dans une étendue parfaitement continue, bien que, à une certaine hauteur, elles se mêlent et se confondent en une masse qui paraît unique. Ainsi, en partant de la base, on peut suivre la trace des filets qui les produisent et qui, arrivés à une certaine élévation en se ramifiant et s'inclinant différemment, se mêlent de toutes les manières possibles. C'est cette structure qui a suggéré l'idée de formes arborescentes dans les protubérances. On n'en finirait jamais si l'on voulait donner les figures des masses compliquées qui s'étendent parfois de 3o à 4o degrés sur la surface solaire en latitude, et à plus de 6o degrés en longitude. Il est manifeste que cette forme embrouillée dépend de la différence de direction des figures élémentaires que nous projetons l'une sur l'autre, et que, faute de transparence, nous ne pouvons séparer.

NUAGES. — Ce groupe renferme toutes les masses suspendues qui nagent isolées au-dessus de la chromosphère. Elles sont, en général, très-intéressantes pour l'intelligence du mode de formation fondamentale des

Fig. 27.

protubérances. Une classe de nuages est produite, comme nous venons de le dire, par la diffusion désorganisée des panaches en masses déchiquetées; d'autres nuages paraissent être la continuation même des panaches, qui ont cessé d'être alimentés par la partie inférieure de la chromosphère, et se trouvent ainsi isolés et volants dans l'atmosphère supérieure (*fig.* 27).
Dans ces masses isolées se manifeste souvent un

phénomène assez curieux, qui consiste en ce qu'une masse brillante apparaît épanchée en filets curvilignes, éparpillés dans toutes les directions possibles (*fig.* 28 et 29). Cette structure est assez singulière et n'est pas

Fig. 28.

rare : nous y avons fait attention toutes les fois que nous l'avons rencontrée. Cette forme prouve que les panaches peuvent se former, au milieu de la masse atmosphérique, sans un orifice d'émission proprement

Fig. 29.

dit, d'où sorte la masse gazeuse. C'est là un point très-intéressant pour la théorie de la formation de ces protubérances. M. Tacchini, de Palerme, a fait aussi cette observation ; il a même observé des filets descendants qui ressemblaient à une pluie.

Les masses filamentaires des panaches ne ressemblent en rien à nos nuages habituels de condensation de vapeurs, tels que les cumulus et les cirrus. La seule forme qui s'en rapproche est celle de certains cirrus légers, qui sont entraînés dans notre atmosphère par des courants violents : ces formes se produisent seulement lorsque le vent du nord, très-fort dans les hautes régions, trouvant les cirrus déjà formés, les déchire et les entraîne en filets plus ou moins parallèles et entortillés ; en Amérique, on les appelle *horse tails* (queue de cheval); elles ressemblent à nos panaches. Ces phénomènes sont donc le simple résultat du transport dû au milieu dans lequel les masses nagent; ils ne peuvent servir à la démonstration de l'existence d'une force d'impulsion directe qui les lance à ces énormes élévations. Cela est évident dans les masses qui rebroussent chemin, arrivées à une certaine hauteur; la force qui les produit est différente de celle qui les transporte.

Les formes exposées jusqu'ici sont celles qu'on voit par la raie G du spectre; les autres raies présentent des formes moins nettes ; la raie jaune D, surtout donne des figures différentes, parce que la clarté du fond empêche de voir les détails des nébulosités plus faibles, dont sont souvent enveloppés les amas filamentaires.

Si l'on se reporte aux anciennes observations des

éclipses, on trouve que les protubérances, en général, sont représentées comme des masses sans organisation, comme des cumulus ou des amas de fumée. Dès 1860 cependant, leur structure filaire fut expressément indiquée dans les dessins que le P. Secchi fit au *Desierto de las Palmas*. Les photographies toutefois ne donnent qu'un résultat confus et aggloméré sans distinction. Il serait donc intéressant de faire des observations optiques, dans le moment de la totalité des éclipses, pour étudier avec précision les formes des protubérances et les comparer avec celles qu'on voit au spectroscope. L'astronome romain voulut essayer de réaliser les observations de ce genre, le 22 décembre 1870, mais le mauvais temps ne permit pas d'arriver à une comparaison satisfaisante. Il peut bien se faire, du reste, que la structure filaire disparaisse dans la vision optique ordinaire pendant l'éclipse, à cause de la grande vivacité de la couche nébuleuse brillante qui enveloppe ordinairement ces masses.

En distinguant entre les *jets* et les *panaches* on ne préjuge pas la question de savoir si les panaches ne sont pas aussi des jets : cette question n'est pas encore assez approfondie. La distinction réelle paraît consister en ce que, dans les jets, une partie de photosphère semble soulevée, tandis que, dans les panaches, la seule partie affectée est la chromosphère ; on n'a jamais trouvé, dans leur spectre, que les raies de l'hydrogène avec la raie D_3 ; mais il ne paraît pas qu'on puisse établir en principe que tous ces jets offrent un orifice d'émission, dans une couche liquide par où sort le gaz, et bien moins encore qu'on puisse prendre la hauteur des protubérances comme mesure de la pression qui lance le gaz, car on voit les panaches se produire même dans les masses suspendues dans l'atmosphère libre (*fig.* 27 à 3o), loin de la chromosphère, là où l'on ne peut admettre une telle couche liquide.

Fig. 3o.

La persistance des panaches est très-remarquable, comparée à celle des gerbes. Malgré leur grande mobilité, on peut les trouver deux ou trois jours à la même place : aux pôles la persistance dure même davantage, tandis que les gerbes les plus belles ne durent que quelques minutes, rarement des heures. Ce fait confirme l'opinion que les gerbes sont dues à une véritable éruption, partant d'une plus grande profondeur et ayant une température plus élevée et une plus grande vitesse. La présence des jets et des gerbes est le meilleur signe de l'apparition imminente d'une tache.

Quant à la connexion entre les protubérances et les facules, on peut établir ce qui suit : *Les facules accompagnent invariablement les jets, quelle que soit leur forme, mais les panaches en sont bien souvent in-*

dépendants, surtout s'ils sont petits. Cela se comprend en effet, car la lumière des jets est toujours supérieure à celle de l'atmosphère terrestre éclairée, de sorte qu'on les voit même à travers les nuages, tandis que celle des panaches est beaucoup plus faible, et une vapeur terrestre quelconque suffit pour les faire disparaître.

Une particularité digne de remarque, c'est la faiblesse de leur lumière près des pôles, et la direction perpendiculaire au bord des filets : indices d'une activité moindre et d'une plus faible force de transport.

Les protubérances, quant à leur nombre et à leur grandeur, sont en rapport avec l'activité solaire qui se manifeste par les taches.

Les dimensions des protubérances sont très-variables. Les maxima ne s'élèvent guère au delà de 4 minutes à $4\frac{1}{2}$ minutes; on en peut conclure que le milieu dans lequel ces masses nagent doit avoir au moins 5 à 6 minutes; c'est la hauteur que les observations des éclipses assignent à la partie la plus vive de la couronne. Les jets sont, en général, plus bas; du moins, leur partie la plus brillante ne s'élève pas au-dessus de 1 à 3 minutes (*).

La constitution physique du Soleil et des étoiles a été l'objet d'un travail particulier de M. Stoney, que l'on peut résumer comme il suit. Suivant lui, l'atmosphère du Soleil, c'est-à-dire la face extérieure de la photosphère, est un mélange de gaz nombreux, notamment d'hydrogène, de sodium, de magnésium, de

(*) *Voyez* les *Comptes rendus,* 1871, 2ᵉ semestre, nᵒ 14.

calcium, de chrome, de manganèse, de fer, de nickel, de cobalt, de cuivre, de zinc et de baryum, qui peuvent tous être considérés comme des gaz permanents, en raison de leur haute température. Dans cette atmosphère, l'hydrogène, qui est le gaz le plus léger, doit être celui qui s'éloigne le plus du centre, et les autres doivent suivre dans l'ordre croissant de leur densité, en se terminant par le baryum. Chacun d'eux est opaque relativement aux rayons qu'il émet à l'état d'incandescence, et qui déterminent son spectre. En conséquence, les rayons émanant de la face intérieure de chaque couche de gaz ne traversent pas cette couche, mais ceux qui l'enveloppent. D'une autre part, la chaleur des rayons est d'autant plus intense qu'ils émanent de couches plus rapprochées du centre, et c'est aussi ce que démontrent les observations : les raies de l'hydrogène, du sodium et du magnésium proviennent d'une région relativement si froide que les lignes qu'ils fournissent au spectre solaire sont profondément obscures, et le contraire a lieu pour les gaz intérieurs. M. Stoney conclut de la comparaison des lignes du spectre, sous le rapport des intensités lumineuses, que l'hydrogène et le fer constituent la couche la plus extérieure de l'enveloppe du Soleil, et que ces deux éléments sembleraient y jouer le même rôle que l'azote et l'oxygène dans l'atmosphère terrestre.

Ajoutons encore à cette revue générale des derniers travaux relatifs à la surface solaire les remarques présentées à l'Académie Royale de Belgique, par l'un de ses Membres, M. Ch. Montigny, sur des phénomènes de *coloration des bords du disque solaire près de l'horizon.*

Les bords supérieur et inférieur du Soleil, observés à l'aide d'une lunette près de l'horizon, accusent une coloration très-marquée, le premier en bleu et violet, le second en orangé et rouge. Cet effet de dispersion atmosphérique est quelquefois perceptible à l'œil nu, c'est-à-dire sans interposition d'un verre coloré en avant de l'oculaire de la lunette, quand l'éclat du Soleil est affaibli par de légers cirrus ; mais, le plus souvent, il faut avoir recours à un verre coloré, en bleu par exemple, teinte qui ne nuit guère à la perception des arcs colorés. Dans un travail précédent, M. Montigny a signalé des particularités qui accompagnent ce phénomène de dispersion, entre autres des apparences de teintes rosées, qui se voient parfois dans l'arc bleu, et que M. Montigny a caractérisées de la manière suivante :

« Les bords des arcs colorés ne sont pas nettement limités, tant sur le disque solaire que sur le bleu du ciel ; des ondulations nombreuses et irrégulières festonnent leurs limites ; mais un fait particulier, c'est que, parmi les ondulations de l'arc bleu, il en est assez souvent qui, un peu avant le coucher du Soleil, se montrent colorées en rose ; ces ondulations paraissent défiler le long du bord en formant une espèce de chapelet rosé mobile. Les ondes colorées ont été observées à l'œil nu, sans que la suppression du verre coloré en avant de l'oculaire modifiât la couleur des ondes. Cette apparition, qui se produit généralement à une très-faible hauteur du Soleil et dans certaines circonstances, serait plus rare au lever de cet astre. Chose singulière, malgré toute mon attention, dit M. Móntigny, je n'ai point remarqué d'ondulations bleues dans l'arc rouge de la partie inférieure du disque. »

Ces colorations, parfois perçues dans l'arc bleu de son disque, près de l'horizon, ne seraient-elles point des perceptions momentanées et partielles de protubérances rouges, semblables à celles qui avaient été observées aux bords du limbe solaire lors des éclipses totales?

Admettons qu'au moment de l'observation du Soleil très-près de l'horizon, une protubérance rosée, semblable à celles des éclipses totales, existe en réalité suivant certaine hauteur et sur une étendue restreinte du bord du limbe solaire encore visible. Supposons aussi, pour un moment, que les régions inférieures de l'air ne soient pas agitées par des ondes aériennes. Cette protubérance ne serait point révélée à la vision télescopique ordinaire, tant à cause de l'éclat peut-être encore trop vif du segment du disque et de l'air environnant, que par la présence des teintes bleue et violette qui bordent l'arc supérieur du disque au-dessus de sa limite réelle. La hauteur de ces bords irisés au delà de cette limite, qui est leur lieu d'origine, dépend évidemment du pouvoir dispersif de l'atmosphère dans la région où le phénomène est observé.

Remarquons que les rayons bleus et violets émanant de cet arc sont d'une réfrangibilité plus grande que la majeure partie des rayons constitutifs de la protubérance rougeâtre supposée; par suite de cette différence les premiers empiéteront sur l'image de cette protubérance qui tendrait à se former dans la lunette, et finalement dans l'organe visuel. Ces rayons bleus et violets rendront ainsi tout à fait impossible, par leur mélange sur la rétine, la perception distincte de la protubérance et de sa teinte propre. Remarquons aussi que, par le fait même de cette différence de réfrangibilité, les rayons bleus et violets parcourent dans l'atmosphère terrestre des chemins qui diffèrent de ceux que suivraient les rayons rouges émanés de la protubérance elle-même ; aussi ces deux sortes de rayons se rencontreraient-ils seulement près de l'observateur.

Si, maintenant, des ondes aériennes multipliées s'interposent entre le Soleil et l'observateur, comme cela a lieu chaque jour, particulièrement dans les régions inférieures de l'air, il arrivera infailliblement que les rayons considérés se trouveront, presque à tout instant et pendant des intervalles de très-courte durée, dans des conditions d'interception par effet de réflexion totale ou d'angle limite au passage des ondes aériennes. Lorsque les rayons bleus et violets qui, par leur mélange dans l'organe visuel avec les rayons rouges de la protubérance, s'opposent à sa perception distincte, seront seuls interceptés, alors les rayons rouges émanés de la protubérance, qui auront parcouru des chemins différents dans l'atmosphère, seront momentanément seuls perceptibles, et donneront ainsi lieu à l'apparence d'ondulations rosées dans l'arc bleu.

Ajoutons que deux circonstances paraissent de nature à faciliter la perception des ondulations rouges ainsi expliquées. D'abord les rayons rouges sont ceux

qui perdent le moins par absorption de l'atmosphère ;
cette teinte reste donc relativement plus vive ; ensuite.
les lieux des apparences rosées sont plus ou moins séparés de l'illumination du segment du disque et de l'air
environnant, par la teinte foncée !des parties persis-
tantes de l'arc bleu violet, au milieu ou sur les bords
desquelles ces ondulations roses se montrent.

D'après cette explication, on ne remarquerait aucune
apparence rosée dans cet arc, quand aucune protubérance de. cette teinte ne fait, en réalité, saillie sur
cette partie du limbe solaire au moment de l'observation. On conçoit aisément aussi que des apparences rosées ne puissent être remarquées dans l'arc inférieur
du Soleil, quand bien même une protubérance se
trouverait en saillie sur ce bord du disque au moment
de l'observation, à cause de la similitude des teintes
de la protubérance et de l'arc rouge, qui dépasse extérieurement ce bord.

Mais une objection sérieuse s'éleva, dès le principe,
contre l'explication précédente et ne permit point de
la produire. La voici : lorsque les apparences rosées se
manifestent, elles semblent défiler le plus souvent sur
une assez grande étendue du bord ; cette extension entraînait la supposition d'une protubérance ou d'une
chaîne de protubérances, s'appuyant sur toute l'étendue
du contour où les ondulations rosées sont restées visibles. Or les protubérances observées pendant les
éclipses n'occupent en général qu'une étendue restreinte
du limbe solaire. Cette objection eût été capitale ; mais
aujourd'hui elle n'a plus cette importance depuis la
belle découverte de M. Janssen au sujet de l'obser-

vation des protubérances solaires en tout temps, et les recherches des autres savants sur le même sujet.

Ces remarquables observations, tout à fait récentes, nous ont appris que le globe solaire est entouré d'une couche rose de plusieurs centaines de lieues d'épaisseur. M. Janssen, qui lui en attribue seize à dix-huit cents, observa, le 4 septembre 1868, une protubérance occupant une étendue de 30 degrés sur le bord du disque solaire.

SINGULIÈRE OBSERVATION D'UN ESSAIM DE CORPS NOIRS TRAVERSANT LE SOLEIL.

Le lieutenant Herschel a écrit de Bangalore (Inde) à son frère, le professeur A. S. Herschel, que, tandis qu'il observait le Soleil, au mois d'octobre 1869, il a été témoin d'un phénomène d'abord inexplicable. Le 17 de ce mois, vers midi, tandis qu'il se préparait à observer les proéminences rouges du Soleil avec un réfracteur équatorial de cinq pouces d'ouverture, muni d'un spectroscope, il projeta l'image du Soleil sur une feuille de fin carton blanc, pour obtenir une vue générale des taches qui étaient visibles sur son disque. Aussitôt plusieurs ombres noires traversèrent cette image et ensuite plusieurs raies brillantes croisèrent les bords. Les premières furent attribuées à des oiseaux, et les secondes à des étincelles dans l'intérieur du tube; mais leur fréquence et l'uniformité de leur direction montrèrent qu'il s'agissait d'un phénomène inaccoutumé, et une attention de quelques minutes fit voir que les mêmes objets, qui étaient des ombres noires sur le Soleil, étaient des images lumineuses au delà de ses bords. La possibilité d'un essaim de météores étant alors venue à l'esprit des observateurs, on dessina l'image du Soleil, et l'on marqua les lignes décrites par les ombres. En dix minutes, plus de 30 lignes avaient été tirées, et leur direction concordante établissait vraiment l'existence d'un essaim continu.

Pendant la journée entière, on vit se continuer ce singulier passage d'objets à travers le Soleil. Le lendemain matin, à 7 heures, on observa la continuation du même phénomène, et l'on fit de nouveaux dessins. Dans l'après-midi du 18 on esquissa une description exacte de ces observations; la voici : 1° La direction des objets est 150 degrés à l'est, en comptant du nord, et il y a deux essaims; 2° ces objets ne sont pas très-éloignés, car ils ne sont pas au foyer quand le Soleil s'y trouve; quand on les met au foyer, ils paraissent nettement définis; 3° ils sont plus brillants près du Soleil, acquièrent de l'éclat en s'en approchant et en perdent en s'en éloignant; 4° ils sont très-variés d'éclat, de vitesse et de netteté; plus ils sont petits et plus ils sont lents; 5° leur mouvement est irrégulier, comparé à la régularité des mouvements cosmiques. On en voit quelques-uns d'ondulés, et même l'un a été vu, s'arrêtant et comme emporté par un courant perpendiculaire à sa direction initiale, faire un angle droit et continuer son cours; 6° leur nombre est pour ainsi dire infini; 7° leur forme est très-difficile à décrire :

d'abord ils semblaient avoir la forme de petites demi-lunes, mais, en les examinant plus attentivement, on remarque plutôt la forme d'un croissant double accompagné d'une sorte de queue cométaire.

Le lendemain, l'essaim mystérieux continua son cours devant le Soleil.

Après avoir épuisé toutes les conjectures, le lieutenant Herschel arriva à supposer que ce ne pouvaient être que des sauterelles, et, conclut-il, si ce n'est pas une merveille astronomique, c'est une merveille d'histoire naturelle (*Monthly Notices* du 11 mars 1870).

Quelque temps après, on apprit par les journaux qu'une innombrable armée de sauterelles s'était abattue sur certaines parties de l'Inde. On apprit aussi que la famine s'était déclarée à Jérusalem, provenant de la dévastation des campagnes par ces mêmes insectes.

Cette observation peut rendre compte de certaines observations analogues faites pendant l'éclipse du 8 août 1869, où l'on a vu des points brillants traverser le disque éclipsé du Soleil.

LA CHALEUR SOLAIRE
ET SES APPLICATIONS INDUSTRIELLES.

La vie terrestre est suspendue aux rayons du Soleil. De même que notre globe est soutenu dans l'abîme de l'espace par la main invisible de l'attraction solaire, ainsi la vie elle-même, végétale et animale, qui fleurit à sa surface, n'est entretenue que par la force incommensurable de l'activité du Soleil. Les religions antiques, les premières poésies de l'humanité éveillée, saluaient déjà dans l'astre radieux le grand moteur de la création : elles ne faisaient que deviner, sous une forme bien pâle encore, la grandeur de l'action permanente du foyer de notre système sur les mondes habités qui gravitent dans son fécond rayonnement.

Trois espèces de rayons émanent du Soleil : les rayons lumineux, les rayons calorifiques et les rayons chimiques. Les premiers donnent à la nature la beauté d'une jeunesse éternelle; les seconds donnent au monde sa force et sa valeur; les troisièmes tissent la trame sans cesse renaissante de la vie planétaire.

Occupons-nous un instant ici des rayons calorifiques, mesurés et appréciés depuis quelques années par les plus récents travaux des sciences expérimentales. Ce sont eux qui meuvent le monde. Ils descendent à la surface de la Terre et versent, *sur chaque mètre carré*, une quantité de chaleur suffisante pour faire bouillir, en moins de dix minutes, 1 litre d'eau à la température ordinaire (ce chiffre est celui de notre climat). Le Soleil, par un beau jour, lance pendant huit ou neuf heures, à Paris, un travail de près d'un cheval-vapeur par mètre carré. La chaleur solaire, émise par une surface de 100 pieds carrés, correspond aux latitudes tropicales, à la combustion de plus de 100 000 kilogrammes de charbon par heure.

L'intensité d'un phénomène calorifique, qui se traduit par une pareille consommation de houille, dépasse l'imagination. L'ingénieur américain Erisson, qui s'est occupé des machines solaires à vapeur, dont nous parlerons tout à l'heure, a calculé que l'effet mécanique

de la chaleur solaire, tombant sur les toits de Philadelphie, pourrait faire marcher plus de 5000 machines
à vapeur de la force de 25 chevaux chacune. Archimède, après l'achèvement d'un calcul sur la force du
levier, disait qu'avec un point d'appui il se chargerait
de soulever le monde. Le même ingénieur prétend que
« la concentration de la chaleur rayonnante du Soleil
produirait une force capable d'arrêter la Terre dans sa
marche » !

La chaleur est une force au même titre que le mouvement. Le travail produit par l'élévation de température de 1 kilogramme d'eau à 1 degré plus haut est
exactement le même que celui qui serait nécessaire
pour élever à la hauteur de 1 mètre un poids de
425 kilogrammes.

Sur l'étendue entière du globe un immense travail
s'opère constamment. La Terre est une vaste serre
chaude relativement aux espaces célestes. L'air qui
l'environne de toutes parts forme autour d'elle une atmosphère transparente analogue à un vitrage ; car l'air
se comporte comme le verre à l'égard des rayons calorifiques : il livre passage aux rayons qui descendent
et s'oppose à ce qu'ils remontent. Grâce à la vapeur
qui existe toujours dans l'atmosphère, la chaleur solaire échauffe cette atmosphère elle-même. A l'état
invisible, elle tempère déjà l'ardeur solaire et garde
une couche tiède sur la Terre. A l'état de nuages, elle
s'oppose au rayonnement du sol et intercepte la chaleur solaire. C'est une des grandes harmonies de la
nature de voir ainsi, sous l'influence des rayons calorifiques du Soleil, la vapeur d'eau s'élever de la mer,

se condenser en nuages, redescendre au sol à l'état de pluie ou de neige, et retourner par les fleuves à l'océan d'où elle était sortie.

Le Soleil cause tous les mouvements de l'atmosphère, les vastes courants des mers, ceux des fleuves à travers les continents, ceux de la goutte d'eau dans les plantes. Il fixe le carbone dans les arbres des forêts et nourrit le règne végétal. C'est encore dans ses rayons que le règne animal puise la nourriture de la machine organique, et l'on peut judicieusement caractériser l'influence solaire sur les êtres organisés, en disant qu'elle a pour but d'emmagasiner le combustible dans les végétaux et de permettre aux animaux de convertir ce combustible en mouvement. D'ailleurs le combustible de l'industrie vient lui-même du Soleil : à l'état de bois, c'est du carbone absorbé par les végétaux respirant dans l'air sous l'influence du Soleil; à l'état de houille, c'est encore du carbone fixé jadis par la même influence dans les grands arbres antédiluviens.

Non-seulement la chaleur solaire produit sans cesse dans l'usine terrestre un travail colossal, mais elle est pour ainsi dire la source des seuls travaux naturels que l'homme ait su jusqu'à présent détourner à son profit. On ne peut guère, en effet, compter parmi ces travaux que ceux qui résultent de l'emploi du combustible, des moteurs animés, des cours d'eau et du vent. Or ce sont les rayons du Soleil qui donnent naissance aux vents, aux cours d'eau; c'est le Soleil qui fait marcher les moulins, comme les locomotives, comme les ballons.

Sous quelque forme qu'elle emprunte le concours des agents naturels, l'industrie humaine ne relève que du Soleil. Elle est encore loin de recueillir la majeure partie du travail engendré sur la Terre par cet immense foyer. Or si, comme l'expérience l'a depuis longtemps établi, la chaleur reçue en très-peu de temps par une surface de médiocre étendue soumise à l'insolation est considérable; si, de plus, il est facile de préserver cette surface du refroidissement et de lui conserver sur le milieu qui l'environne un excès de température de plusieurs centaines de degrés, il est clair qu'on peut se proposer d'emmagasiner directement le travail de la chaleur solaire. On comprend d'ailleurs toute l'importance d'une pareille conquête pour les régions où le Soleil est ardent et l'atmosphère toujours pure; car c'est le plus souvent dans ces régions que l'énergie des moteurs animés, les cours d'eau et le combustible font défaut.

Existe-t-il des moyens de construire à peu de frais une sorte de réservoir où s'accumule la chaleur solaire, comme l'eau d'un courant dans un barrage? Peut-on emmagasiner de la chaleur solaire et s'en servir, au lieu de charbon, pour obtenir les effets produits par la chaleur artificielle?

Cent ans avant notre ère, Héron d'Alexandrie a décrit dans ses *Pneumatiques* un grand nombre d'ingénieux appareils légués par les anciens et sans doute par les savants hiérophantes d'Égypte des temps anciens. L'un de ces appareils, qui paraît avoir été construit par Héron, tire de l'eau d'un réservoir par le seul effet de la dilatation et de la condensation de l'air sous l'influence du Soleil, alternativement montré et caché à l'appareil.

A la fin du xvi° siècle, le savant napolitain J.-B. Porta expose, dans sa *Magie naturelle*, les applications mécaniques de la chaleur solaire. Si l'on place, dit-il, un globe de cuivre au sommet d'une tour, et que de ce vase un tuyau descende dans un réservoir d'eau, en échauffant le globe supérieur par du feu ou le Soleil, l'air raréfié s'échappe. Bientôt, le Soleil se retirant, le vase de cuivre se refroidit, l'air se condense et l'eau est aspirée.

Salomon de Caus a donné, au commencement du xvii° siècle, la description de la première machine élévatoire *fonctionnant* à l'aide du Soleil. C'est sa *fontaine continuelle*. Imaginons, posées sur une citerne, une série de caisses de cuivre, au tiers remplies d'eau. Un tube horizontal est posé sur cette série de caisses et communique par de petits ajutages verticaux jusqu'à l'eau des caisses. La chaleur solaire, dilatant l'air, fait exercer une pression sur l'eau qu'elles renferment et la fait monter dans le tube horizontal supérieur. Une ouverture est pratiquée sur ce tube, et l'on peut produire ainsi un jet d'eau.

Lorsqu'une partie de l'eau contenue dans les caisses est montée et que, la nuit venue, l'air se trouve raréfié, l'eau de la citerne, qui est en communication avec les caisses par un tube vertical, une soupape et un tube horizontal communiquant, s'élève pour remplir les vases comme ils l'étaient auparavant, « tellement, dit Salomon de Caus, que ce mouvement continuera autant comme il y aura de l'eau dans la citerne », et des alternatives de Soleil et de nuit.

Cette fontaine continuelle n'est pas seulement une machine curieuse destinée à l'embellissement des jardins, c'est une pompe solaire qui, moyennant quelques améliorations, peut servir à résoudre économiquement le problème de l'élévation des eaux. Quoi de plus rationnel, en effet, que le projet de faire monter les eaux à l'aide de l'agent même qui les élève dans la nature?

La concentration de la chaleur solaire dans une enceinte vitrée est un fait expérimental si facile à constater que l'observation a dû suivre d'assez près l'invention des vitres. Cependant, malgré les diverses constatations qu'on a pu faire à cet égard, et malgré les applications que nous venons de signaler, on ne voit point avant de Saussure une étude scientifique bien complète du phénomène. A l'aide de caisses rectangulaires en verre de Bohème, ce physicien observa, il y a cent ans (en 1767), les thermomètres placés dans ces caisses emboîtées. Le thermomètre placé le plus bas montait le plus haut et atteignait 87 degrés, température suffisante pour cuire complétement les fruits et leur faire rendre leur jus.

Diverses études furent reprises par plusieurs physiciens. Ce curieux problème est actuellement dans sa phase la plus intéressante peut-être, dans celle qui donne, d'une part, des résultats sérieux, et qui permet, d'autre part, à l'imagination de deviner pour l'avenir des résultats plus considérables encore.

Grâce aux travaux persévérants de M. A. Mouchot, professeur au lycée de Tours, nous pouvons maintenant posséder des appareils nous permettant de substituer les célestes rayons du Soleil au charbon vulgaire pour la cuisson des aliments.

Dans un bocal de verre on place un vase de la même forme, en cuivre ou en fer battu, et l'on recouvre le tout d'un couvercle de verre. Cette simple marmite solaire, placée au foyer d'un réflecteur cylindrique d'argent, fait bouillir en une heure et demie 3 litres d'eau à la température initiale de 15 degrés.

Le réflecteur est une simple feuille de plaqué d'argent dont l'ouverture est de 5o centimètres carrés.

Cette marmite solaire a permis à **M.** Mouchot de confectionner au soleil un excellent pot-au-feu, formé de 1 kilogramme de bœuf et d'un assortiment de légumes. Au bout de quatre heures d'insolation, le tout s'est trouvé parfaitement cuit, malgré le passage de quelques nuages sur le Soleil, et le consommé a été d'autant meilleur, que l'échauffement s'était produit avec une grande régularité.

A l'aide d'une légère variation de forme, on a pu transformer cette marmite en un four et faire cuire, en moins de trois heures, 1 kilogramme de pain, ne présentant aucune différence avec celui des boulangers.

En la transformant en alambic, on a pu distiller de l'alcool au soleil au bout de quarante minutes d'exposition. L'alcool était très-aromatique.

Un grand nombre d'autres essais ont été faits, sur lesquels il serait superflu d'insister. Voilà donc l'emploi de la chaleur solaire comme force motrice qui commence à entrer dans le domaine de la science pratique. Il va sans dire que dans nos contrées, si souvent attristées de nuages, cette application ne saurait se faire sur une vaste échelle ; mais, d'une part, on pourrait d'abord l'ajouter, quand il y a lieu, à la chaleur artificielle (des cuisines sur les terrasses ne seraient-elles pas mieux que dans d'affreux coins noirs?) et, d'autre part, il y a des pays où il ne pleut jamais.

En Algérie, l'auteur propose (*voir* son Livre ; Paris, chez Gauthier-Villars) de donner à nos soldats une petite batterie de cuisine n'exigeant pas de combustible dans les sables du Sahara ou les neiges de l'Atlas. En Cochinchine, où l'eau doit être soumise à l'ébullition pour être potable, on n'aurait pas besoin de combustible pour cela. Des jets d'eau dans les appartements peuvent être entretenus par la chaleur solaire ; il n'est pas jusqu'à l'appareil à fabriquer la glace qui ne puisse fonctionner par cette même force. La conservation des grains par un lent étuvage, le chauffage des vins au bain-marie, la fabrication de la colle, des bougies, du noir animal, la distillation des essences, l'extraction du sel de l'eau de mer, l'épuration du soufre, l'aménagement des eaux dans les vastes terrains des pays chauds, etc., etc., la chaleur solaire peut produire tous ces travaux.

Nous saluons dans la locomotive le carbone fixé dans la houille par le Soleil ; nous nous demandons par quoi les chaudières seront chauffées après l'épuisement relativement prochain des houillères (*). Qui sait? voici déjà une solution de la difficulté. En voici une autre qui nous est offerte par le savant professeur de Tours.

(*) Avant deux siècles. *Voyez* notre ouvrage : *Contemplations scientifiques.*

Le rendement de la machine à vapeur solaire s'accroît à mesure qu'on s'élève dans l'atmosphère, puisque alors le point d'ébullition des liquides s'abaisse en même temps que l'ardeur relative du Soleil augmente et que le refroidissement de l'air favorise la condensation des vapeurs. Ne sera-ce pas aussi là le secret de la navigation aérienne?

Voici un appareil nouveau, analogue au *récepteur solaire* de M. Mouchot.

M. Delaurier reçoit les rayons du Soleil dans un cône tronqué sans fond, en plaqué d'argent poli à l'intérieur, et dans lequel ces rayons pénètrent par la plus large ouverture. D'après les lois de la réflexion, tous les rayons directs ou réfléchis viennent se réunir au fond de ce cône. Plus il est allongé, plus l'ouverture de son sommet peut être petite et plus la concentration de la chaleur est grande.

Cet appareil peut faire toute une révolution industrielle, surtout dans l'Afrique française et dans tous les pays où le Soleil est prodigue de ses faveurs.

M. Delaurier a construit des appareils dans lesquels les rayons solaires tombent en toute saison et à toute heure, dans l'axe du cône. Tout le monde sait les difficultés que l'on a pour construire de très-grands miroirs métalliques n'ayant qu'un foyer unique et la perte très-grande de chaleur rayonnante qui se produit par la réflexion. Les lentilles un peu grandes sont non-seulement un très-mauvais moyen de concentrer la chaleur rayonnante, car elles sont très-peu diathermanes lorsqu'elles sont épaisses, mais encore elles sont impossibles à faire en grand, même en échelons.

Le procédé que M. Delaurier indique a de grands avantages encore, c'est que les rayons réfléchis sous un très-petit angle de la surface se réfléchissent beaucoup mieux : presque tous les corps deviennent alors de bons réflecteurs ; mais ce qu'il y a ici de plus important, c'est le bon marché et la facilité de la construction, car on peut faire une pyramide creuse, à quatre faces, en bois bien uni et recouverte à l'intérieur de feuilles d'étain. Cette pyramide sera d'autant plus allongée que l'on voudra obtenir une concentration plus grande des rayons.

Avec ce système, il sera peut-être possible d'obtenir des foyers de chaleur pour tous les usages journaliers et industriels, surtout pour les irrigations.

FORME ET CONSTITUTION PHYSIQUE DE LA LUNE.

Dans un Mémoire lu à la Société astronomique de Londres, le 10 novembre 1854, et imprimé dans le t. XXIV des Mémoires de cette Société, M. Hansen établit que le centre de gravité de la Lune ne coïncide pas avec son centre de figure ; il trouve que le centre de gravité est plus loin de nous que le centre de figure, et que la distance de ces deux points, projetée sur le rayon vecteur qui joint la Terre à la Lune, est d'environ 59 kilomètres. Cette importante proposition résulte de ce que les inégalités de la longitude de la Lune, calculée par la théorie de l'attraction, ne concordent complétement avec les indications fournies par les observations qu'à la condition d'avoir été préalablement multipliées par un facteur plus grand que l'unité, que M. Hansen trouve égal à 1000 et 1544.

L'explication en est très-simple. On sait que la Lune tourne toujours la même face vers la Terre, ce qui indique que les durées moyennes de la rotation de la Lune sur elle-même et de sa révolution autour de la Terre sont exactement les mêmes; mais comme la rotation de la Lune s'effectue uniformément, tandis que son mouvement de révolution autour de la Terre présente des variations continuelles et périodiques de vitesse angulaire, ces deux mouvements, tout en concordant rigoureusement l'un avec l'autre en moyenne, présentent cependant des discordances de détail plus ou moins grandes, tantôt dans un sens, tantôt dans l'autre. Le point de la surface de la Lune, qui nous paraît en général occuper le centre du disque de cet astre, se porte tantôt à l'est, tantôt à l'ouest du point central du disque, suivant que le mouvement angulaire périodiquement variable de la Lune autour de la Terre est en avance ou en retard sur le mouvement de rotation de la Lune sur elle-même; c'est ce qui constitue la *libration* de la Lune en longitude. Quand on calcule, par la théorie de l'attraction, les inégalités du mouvement de la Lune autour de la Terre, c'est au mouvement du centre de gravité de notre satellite que ces inégalités se rapportent; quand on observe la position de la Lune sur la voûte céleste, c'est son centre de figure que l'on considère et non son centre de gravité. Si ces deux points ne coïncident pas l'un avec l'autre, comme la rotation a lieu autour du centre de gravité, le centre de figure doit participer à la libration

8.

en longitude dont nous venons de parler; et comme la grandeur du déplacement apparent dû à cette libration est à chaque instant proportionnelle à la somme des inégalités périodiques de la Lune, il s'ensuit que, pour passer du centre de gravité, considéré par la théorie, au centre de figure auquel se rapportent les observations, il faut faire, à l'expression théorique de la longitude du centre de gravité, une correction proportionnelle à la somme des inégalités périodiques qu'elle renferme. Cela revient à multiplier la somme des inégalités périodiques par un facteur différent un peu de l'unité, plus grand que 1 si le centre de gravité est plus loin de nous que le centre de figure, plus petit que 1, au contraire, si c'est le centre de figure qui est le plus éloigné de la Terre.

Ces idées de M. Hansen et la conséquence à laquelle elles l'ont conduit sont loin d'être restées inaperçues, elles ont vivement frappé tous ceux qui prennent intérêt aux progrès des sciences. Récemment elles ont été l'objet d'un examen spécial de la part de M. Simon Newcomb, de Washington, qui se livre avec tant de succès aux recherches d'Astronomie théorique. M. Delaunay a présenté à l'Académie des Sciences cet examen de l'astronome américain, en se faisant l'interprète de sa conclusion, laquelle est que l'opinion de M. Hansen sur la non-coïncidence du centre de gravité de la Lune avec son centre de figure *ne repose sur aucun fondement logique.* Voici les raisons qu'il en donne :

Si le centre de gravité de la Lune est plus éloigné de nous que son centre de figure, le facteur plus grand que l'unité par lequel on doit multiplier les inégalités de la longitude du centre de gravité, pour en déduire les inégalités correspondantes du centre de figure, doit affecter aussi bien *l'équation du centre* que les inégalités dues à l'action perturbatrice du Soleil. Or l'équation du centre se détermine par l'observation du centre de figure de la Lune, et la valeur que l'on trouve ainsi doit être égale à celle que l'on trouverait si l'on observait le centre de gravité. Augmentée dans le rapport indiqué par le facteur dont il s'agit, l'excentricité conclue de cette valeur de l'équation du centre, dont la partie principale lui est proportionnelle, doit être aussi égale à l'excentricité relative au centre de gravité multipliée par le même facteur. Or la plus grande des inégalités lunaires dues à l'action perturbatrice du Soleil, l'*évection,* est aussi, du moins, dans sa partie principale, proportionnelle à l'excentricité, telle que la donnent les observations. On trouve, non pas l'évection correspondant au centre de gravité de la Lune, mais bien l'évection corrigée déjà dans le rapport convenable pour devenir ce qu'elle doit être relativement au centre de figure; donc « l'évection théorique doit s'accorder avec celle que fournit l'observation, lors même que les centres de gravité et de figure de la Lune ne coïncideraient pas l'un avec l'autre. » Ce n'est, d'après cela, qu'en considérant les inégalités autres que l'évection, que l'on peut parvenir à décider si ces deux centres sont réellement éloignés l'un de l'autre d'une quantité appréciable pour nous. De ces autres inégalités, il n'y a que la *variation* qui éprouve un changement sensible quand on la multiplie par le facteur 1000 et 1544 trouvé par M. Hansen, et le coefficient de cette inégalité ne se trouve modifié par là que d'environ $\frac{1}{5}$ de seconde ; or la nécessité de l'application d'une pareille correction à la *variation*, pour faire concorder sa valeur théorique avec les indications de l'observation, n'est pas suffisamment établie pour qu'on puisse en faire le point de départ d'aucune conclusion sur les positions respectives des centres de gravité et de figure de la Lune.

Après avoir rappelé la théorie établie par M. Hansen sur cette question, et indiqué l'objection capitale qui lui a été faite par M. Newcomb, M. Delaunay a ajouté quelques réflexions qui le portaient à n'admettre qu'avec une grande réserve les conséquences précédentes. Voici ces réflexions :

« Par suite de la position fortement excentrique qu'il attribuait au centre de gravité de la Lune par rapport à son centre de figure, M. Hansen disait : « D'a-
» près cela, on doit considérer les deux hémisphères
» de la Lune, dont l'un est visible et l'autre invisible
» pour nous, comme essentiellement différents par rap-
» port aux couches de niveau, aux climats et à tout
» ce qui en dépend. Comme les couches de niveau se
» règlent principalement par rapport au centre de
» gravité, l'hémisphère de la Lune tourné vers nous
» s'élève beaucoup plus au-dessus du niveau moyen
» que ne le fait l'hémisphère opposé ; et quoique celui-
» là se présente à nous comme une contrée stérile,
» exempte d'une atmosphère et de tout être vivant, on
» ne peut plus conclure que l'autre hémisphère ne soit
» doué d'une atmosphère, et qu'il n'y ait pas de végé-
» tation et d'êtres vivants. Aux bords de la Lune doit

» régner à peu près le niveau moyen, et, en effet, on
» ne peut pas dire que là il ne se serait montré au-
» cune trace d'une atmosphère. »

» Certes nous ne pouvons pas dire *a priori* que les
choses ne sont pas telles que M. Hansen les indique
dans ce passage, et si des observations précises et ir-
récusables venaient établir que c'est bien ainsi que la
Lune est constituée, nous serions bien obligés de l'admettre ; mais nous ne pouvons nous dissimuler que
cela ne concorderait pas le moins du monde avec les
idées auxquelles l'ensemble des phénomènes observés
nous ont conduits relativement à la figure des corps
célestes et aux circonstances qui doivent se présenter
sur leurs surfaces.

» Tout nous porte à regarder les planètes et leurs
satellites, la Lune en particulier, comme ayant été
fluides à une époque plus ou moins reculée, et comme
ayant pris naturellement, par suite de leur fluidité, la
forme arrondie et presque sphérique que nous leur
voyons. Dans ces conditions, si les diverses parties
matérielles d'un astre n'avaient été soumises qu'à leurs
actions mutuelles, et si la masse entière n'avait pas été
animée d'un mouvement de rotation sur elle-même,
cette masse aurait pris exactement la figure d'une
sphère. L'existence d'une rotation autour d'un axe, en
développant des forces centrifuges perpendiculaires à
cet axe, a dû produire un aplatissement plus ou moins
prononcé, analogue à celui de notre globe, et, de plus,
dans le cas de la Lune, dont le mouvement de rotation
maintient toujours un même hémisphère du côté de la
Terre, l'attraction terrestre a dû produire un allonge-

ment du globe lunaire suivant le diamètre dirigé vers la Terre ; mais, dans tous les cas, la surface extérieure de cette masse fluide devait être une surface de niveau. En passant de l'état fluide à l'état solide, la masse a dû conserver la même forme ; il a pu, tout au plus, en raison de l'inégale contraction des diverses parties, se produire, dans la croûte solide, des rides, des plissements, des dislocations qui auront amené des dénivellations partielles ; mais ces altérations de forme n'ont pas pu avoir sur la figure de l'ensemble une telle influence; que les traits caractéristiques qu'elle présentait avant la solidification fussent complétement masqués.

» C'est ainsi que, sur la Terre, où de pareilles déformations de la croûte superficielle sont rendues évidentes par l'étude de la constitution des divers terrains, la forme générale de cette croûte solide présente tous les caractères d'une surface de niveau; en effet, les eaux de la mer, qui sont répandues dans les cavités de cette croûte, et qui, par leur ensemble, constituent, à proprement parler, un immense niveau, montrent que partout, sauf quelques exceptions peu étendues et toutes locales, la surface du globe s'éloigne fort peu de la surface de niveau que ces eaux déterminent.

» Comment admettre, après cela, avec M. Hansen, que la surface de la Lune serait assez différente d'une surface de niveau, pour que l'atmosphère lunaire, s'il y en a une, se trouvât reportée tout entière sur l'hémisphère que nous ne voyons pas, tandis que l'hémisphère tourné vers nous en serait complétement privé? Il me semble que cela n'est pas possible, tant que nous

n'aurons pas des raisons puissantes pour croire que la
Lune présente, dans sa constitution, des conditions
tout autres que celles du globe que nous habitons. »

Ainsi parlent trois savants géomètres. Nous n'en
considérons pas moins comme très-probable que la
Lune n'est pas absolument sphérique, mais allongée
dans le sens du rayon vecteur qui la retient à la Terre ;
que, de plus, l'hémisphère tourné vers nous doit être
plus lourd que l'autre, et que les substances légères,
liquides ou fluides ont dû se porter à la surface de
l'hémisphère invisible. Cette forme est frappante sur
les photographies stéréoscopiques de M. Warren de la
Rue, et c'est celle que nous avons adoptée dans notre
ouvrage : *Les Mondes imaginaires et les Mondes réels*,
au chapitre des « Habitants de la Lune. »

OBSERVATIONS RÉCENTES DE LA LUNE.

Dans la réunion de l'Association Britannique qui eut
lieu à Belfast, en 1852, une Commission (le comte de
Rosse, le révérend docteur Robinson et le professeur
J. Phillips) fut chargée de faire un rapport sur le caractère physique de la surface de la Lune, comparée
avec celle de la Terre. Dans son discours à l'assemblée,
le président de l'année, le colonel Sabine (maintenant
lieutenant-général) fit ressortir le haut intérêt que le
rapport ne pouvait manquer d'avoir pour les géologues
et généralement pour tous les adeptes des Sciences
physiques. Il est permis de supposer que l'aspect de la
Lune est à peu près celui que nous présenterait la Terre
dépouillée de tous ses dépôts de sédiments, c'est-à-

dire, en quelque sorte, la Terre réduite à son sque-
lette. Ces dépôts furent tous formés sous les eaux de
l'Océan qui recouvrent une si grande partie de la superficie terrestre. La Lune, ainsi que nous l'affirment
les observateurs, n'a pas d'océan, elle n'a pas de dépôts
d'origine aqueuse; si donc nous pouvions la voir d'assez près, nous reconnaîtrions exactement sa structure,
et, sans doute, nous apprendrions quelque chose de
l'action intérieure qui a déterminé sa configuration
actuelle. Le télescope réalisant la condition de rapprochement nécessaire, il semblait en notre pouvoir d'obtenir, par des séries d'observations poursuivies avec
soin, quelques inductions sur le résultat des forces
qui ont agi dans l'intérieur de notre propre globe
sur la nature et la forme de la surface que nous dé-
robent les dépôts de sédiments. Il y avait là un champ
d'investigations plein de promesses, la perspective la
plus séduisante d'accroître ou de rectifier nos connaissances sur la Terre et la Lune, l'espoir légitime
de résoudre enfin la question des mers et de l'atmosphère lunaires.

Le professeur Phillips s'est mis à l'œuvre, comme
beaucoup d'autres, sans doute; mais, loin d'abandonner sa tâche, il l'a continuée avec un zèle infatigable,
profitant de toutes les occasions favorables pour la
mener à bonne fin. Habile dessinateur, il a tracé les
configurations exactes de toutes les parties du disque
lunaire, représentant successivement le même objet
tel qu'on le voit le matin et le soir, en vertu de l'in-
version des ombres, nous fournissant ainsi, sur la
forme réelle des montagnes et des cratères, des élé-

ments d'exactitude que ne peuvent donner les dessins relatifs à une seule direction de la lumière. Dans un Mémoire lu dernièrement à la Société royale, le savant observateur a condensé les principaux résultats de son travail. A cette exposition substantielle, il ajoute l'indication des règles à suivre dans de nouvelles observations. Ainsi, notamment, on devrait faire trois dessins d'une même montagne en forme de pic, le matin, à midi et le soir; si l'on en faisait cinq, dont deux correspondraient au lever et au coucher du Soleil, le résultat serait encore meilleur. D'après les observations du professeur Phillips, les ombres portées à la surface de la Lune ont absolument le même caractère que celles des objets terrestres; elles sont bordées par une pénombre due au diamètre apparent du Soleil, mais, par suite des moindres dimensions de la Lune et de la courbure plus grande de sa surface, la pénombre y a moins de largeur. ·

Des effets curieux de demi-teintes, nombreux et variés, sont produits dans quelques cas par les ombres étendues des hautes montagnes, et sur les divers points du disque la réflexion de la lumière est très-inégale. Nulle part la surface ne semble aussi unie que devrait l'être celle d'une grande mer de notre globe vue à la même distance. Le champ de l'observation est des plus attrayants. En suivant attentivement la limite des ombres passant d'un côté à l'autre des montagnes, l'observateur voyait apparaître ou disparaître une multitude de monticules, de vallées, de crevasses et autres accidents de terrain. Il y a des pentes parfaitement semblables à celle de l'Etna; la

montagne lunaire de Gassendi rappelle singulièrement la région volcanique de l'Auvergne; et le mont
Maurolycus avec son cortége de cratères de toutes
grandeurs présente une frappante analogie avec le système volcanique du Vésuve. Dans un des dessins du
professeur Phillips, il y a une bande sinueuse tellement
semblable à un fleuve qui coulerait d'un réservoir en
forme de cratère et se dirigerait vers un lac, qu'il est
fort difficile de croire qu'il représente autre chose.

L'Association Britannique a remis à son ordre du
jour l'étude de la Lune qu'elle avait laissée de côté
depuis six années. Le professeur Phillips se propose de
concentrer ses explorations ultérieures sur des points
spéciaux, tels que les monticules au milieu des cratères,
les bosses et les collines en forme de coupes, les pentes
des versants, les crevasses et les lignes sinueuses dans
les plaines. Il recommande le télescope à réflexion
comme le meilleur pour observer les différences de
lumière, et il signale aux observateurs, comme un
beau sujet d'étude, la comparaison de la montagne de
Copernic avec la photographie lunaire du P. Secchi.

NOUVELLE CARTE DE LA LUNE.

Le Comité de l'Association Britannique, pour la carte
de la Lune, vient de publier deux sections de cette
carte à l'échelle de 200 pouces (5 mètres) pour le
diamètre de la Lune, comprenant chacune une aire de
25 degrés carrés, ce qui équivaut à 17688 milles carrés
(44555 kilomètres carrés) pour les deux sections.
Dans ces sections, imprimées en rouge, on a figuré les

ontours des plaines, des cratères, des montagnes,
les vallées et autres détails, et chaque objet *connu*
st marqué par un numéro de renvoi au .texte qui
ccompagne les deux sections, et qui contient, pre-
mièrement, les matériaux employés dans la construc-
ion de la carte; deuxièmement, la disposition des
bjets en zones pour la facilité des observations; troi-
ièmement, la nature des observations à faire pour
perfectionner le travail; quatrièmemént, un catalogue
lescriptif de deux cént trois objets connus; cinquième-
ment, l'aspect des pleines Lunes; et sixièmement, des
ables nombreuses des lignes de désordre sur les deux
aires. La partie de la Lune comprise dans les deux
sections s'étend à 6 degrés à l'ouest du premier méri-
lien et à 10 degrés au sud de l'équateur; la partie
correspondante de la carte de Beer et de Madler est
donnée dans une planche qui accompagne le texte.

Les dessins ont été faits, dans tous les cas, d'après
des mesures et des alignements, et l'on s'est servi des
points de *premier ordre* de Beer et de Madler pour
fixer les positions. La photographie de M. de la Rue,
prise à la pleine Lune, le 4 octobre 1865, très-près de
la libration moyenne, a donné le moyen de reconnaître
les objets les plus remarquables et de fixer leurs positions relativement aux points de *premier ordre*. Les
photographies prises par MM. de la Rue et Ruther-
ford à différents états de libration et d'éclairement ont
contribué très-efficacement à la détermination des
contours et à l'insertion de petits objets qu'on ne
pouvait distinguer pendant la vive illumination de
a pleine Lune. Plusieurs petits objets ont été des-

sinés d'après les observations télescopiques. Tout le travail a été exécuté sans qu'on ait tenu compte des travaux des sélénographes antérieurs, à l'exception des points de *premier ordre* et de quelques détails spéciaux, et après que l'on eut comparé les dessins avec les sections d'Ermann.

Il est dit expressément dans le texte que l'on ne prétend pas que la carte soit parfaite au complet, mais qu'elle est destinée à servir de guide aux observateurs pour obtenir des données pour la' construction d'une carte complète de la Lune. Pour cela, il est essentiel d'avoir de nombreuses observations, et c'est dans ce but que l'on a partagé les aires en zones ayant chacune 2 degrés de *latitude*; ces zones sont disposées de telle sorte que chaque zone de 1 degré peut être examinée par deux observateurs indépendants, la surface de chacune empiétant sur celle de l'autre et la recouvrant; et l'on recommande de faire en sorte que chaque objet spécifié sur chaque zone de 2 degrés soit examiné par les observateurs auxquels les zones ont été assignées, lorsqu'ils sont près des limites du matin et du soir, et aussi les jours qui suivent et qui précèdent le passage des limites sur les aires, et cela pendant une période d'au moins *trois* lunaisons. On tiendra un registre des apparences observées, des mesures prises, des autres remarques faites sur chaque objet, et ce registre devra être transmis au Comité de l'Association Britannique pour la carte lunaire. On est maintenant occupé à distribuer les zones. Cet examen a pour but de *fixer* avec le secours de *deux observateurs indépendants* l'état *exact* d'un objet lunaire désigné à une époque donnée ; car si, d'après les observations faites dans une zone donnée, les caractères et les apparences des objets de cette zone peuvent être mis hors de doute par le témoignage de deux témoins, et publiés par les ordres d'un corps tel que le Comité de la Lune, le registre, ainsi publié, pourra être consulté à l'avenir, et la question de la fixité ou du changement de chaque objet pourra être définitivement résolue. Les observations consignées dans le texte ont pour but la constatation de l'*identité* des objets et la *correction* de la position ou du dessin de ceux qui sont inscrits et catalogués par le moyen des mesures. On recommande aussi de faire avec soin des dessins de tâches particulières ou de groupes d'objets, dans chaque zone, et de les envoyer au Comité avec les notices de la découverte plus récente d'objets qui ne sont pas désignés sur la carte ou le catalogue. Une copie officielle de chaque section sera conservée parmi les registres du Comité, qui contiendront toutes les corrections et additions parvenues à sa connaissance, après qu'elles auront été dûment examinées.

On ne peut pas prétendre que tous les objets inscrits au catalogue (qui comprend une partie considérable du texte), après avoir été examinés avec un grand soin par des observateurs (pour le moins au nombre de douze), avec des instruments d'une puissance reconnue et d'une grande ouverture, soient si bien décrits qu'il sera désormais impossible de *contester* les résultats auxquels le Comité peut arriver. Dans le catalogue des deux cent trois objets des deux aires, les « cratères », c'est-à-dire les dômes, les cavités, ou les dépressions plus ou moins arrondies qui jettent des ombres *intérieures* ou extérieures distinctes, sont soigneusement distingués des taches lumineuses plus ou moins *mal définies*, telles qu'en présente actuellement Linné, sur la nature duquel il y a maintenant de grandes discussions.

Aucune tache lunaire n'a autant fixé que Linné l'attention d'un aussi grand nombre d'observateurs; tous les détails de Linné sont bien déterminés pour la première moitié de l'année 1867, de manière que l'on sait avec certitude l'état où il était à cette époque. C'est d'un bon augure pour la Sélénographie, que l'on manifeste maintenant un si grand intérêt pour la recherche des conditions physiques de la surface de notre satellite.

LE TÉLESCOPE DE GRUBB
ET LES PHOTOGRAPHIES DE LA LUNE.

M. Grubb, de Dublin, a construit pour le gouvernement de Melbourne (Australie), sous la surveillance d'un Comité de la Société royale d'Astronomie, un grand télescope monté équatorialement. Le miroir a $1^m,20$ de diamètre et 30 pieds de foyer, et son poids, y compris la monture, est d'environ 2000 kilogrammes. Le tube est entouré d'un treillage en fer plat, mais principalement composé de barres d'acier assemblées autour de solides anneaux de fer. Les parties mobiles de la monture pèsent environ 10000 kilogrammes. Pour rendre les mouvements assez doux, tous les coussinets sont supportés par un appareil qui annule le frottement.

Ce télescope est si facile à manier, malgré ses énormes dimensions, que deux personnes peuvent le faire tourner en quarante-cinq secondes sur les deux axes polaire et de déclinaison.

L'instrument, qui embrasse tout l'hémisphère visible, est mis en mouvement par une excellente horloge.

M. Grubb a fait hommage à la Société française de Photographie d'images photographiques de la Lune, prises à l'aide de ce télescope monumental dans une chambre noire, montée à l'extrémité du tube treillagé. Le temps de pose a varié d'une demi-seconde à deux secondes ; les parties brillamment éclairées de la Lune étaient exposées un temps plus court que celles avoisinant le bord obscur.

Les opérations ont été conduites comme il suit : le petit miroir étant enlevé et un appareil photographique étant établi à sa place, on s'est servi d'un morceau de verre collodionné pour mettre au foyer, à l'aide d'un microscope de faible puissance ; la mise au point était vérifiée derrière le centre de cette plaque. Le télescope était alors dirigé vers une étoile de petite grandeur, et la plaque mise au foyer en observant à travers le microscope. Le télescope a été alors dirigé vers la Lune, et l'horloge mise en mouvement et réglée. La plaque étant préparée et l'horloge en marche, le télescope est abaissé en déclinaison, la plaque mise au châssis ; le télescope est encore relevé en déclinaison. Toutes ces opérations ont pour but de suivre les rapides déplacements de la Lune.

COMMENT VOYEZ-VOUS LA LUNE GROSSE?

Il m'est arrivé fort souvent, pour une étude d'appréciation optique dont je vais parler, d'adresser après
dîner à diverses personnes la question que je viens de
transcrire. Je voulais savoir, d'une part, si tout le
monde juge identiquement des grandeurs apparentes
qu'il ne peut vérifier, et, d'autre part, si l'erreur
commune dont la rectification fera l'objet de cet article
est moins générale que je ne pensais.

Nous voyons tous le Soleil et la Lune à peu près de
la même grosseur dans le Ciel. Cette grandeur dépend
à la fois des dimensions réelles des corps célestes et de
la distance à laquelle ils sont éloignés de nous. Ainsi
le Soleil, 1 279 000 fois plus gros que la Terre, ne nous
paraît pas plus volumineux que la Lune, qui n'est
pourtant que les deux centièmes du volume de la
Terre, c'est-à-dire cinquante fois plus petite. Il faudrait
cinquante Lunes pour former un globe de la grosseur
de la Terre, et il en faudrait 50 fois 1 279 000, ou
64 millions, pour former un globe de la grosseur du
Soleil. Ainsi, quoique 64 millions de fois plus petite, la
Lune nous *paraît* aussi grosse que le Soleil, parce
qu'elle n'est qu'à 60 rayons de la Terre, ou 96 000
lieues de 4 kilomètres, tandis que le Soleil est à 37 millions de lieues d'ici, ou 23 000 rayons terrestres. La
distance de la Lune à la Terre n'est que les 0,00259 de
la distance de la Terre au Soleil.

Les diamètres du Soleil et de la Lune sont entre

eux comme les nombres 108556 et 273 ; il en est de même de leurs circonférences, puisqu'on démontre en Géométrie que les circonférences sont entre elles comme leurs rayons. Ainsi la circonférence de la Lune est environ 400 fois plus petite que celle du Soleil. D'autre part, la Lune est environ 400 fois plus proche que le Soleil. Voilà comment ces deux astres nous paraissent être de la même grandeur.

Numériquement, le Soleil sous-tend dans le Ciel, pour l'observateur terrestre, un angle de 31′3″, et la Lune 31′8″. Ce sont là les grandeurs apparentes *moyennes*. Comme leurs distances à la Terre changent à chaque instant, ces deux astres paraissent tantôt un peu plus grands que cette valeur moyenne, tantôt un peu plus petits. C'est aussi là ce qui fait que, quand la Lune passe devant le Soleil, elle est tantôt juste de la même grosseur, et produit une éclipse totale d'un instant ; tantôt plus grosse, et produit une éclipse totale de plusieurs minutes ; tantôt plus petite, et produit une éclipse annulaire, dans laquelle le disque brillant du Soleil déborde tout autour du disque noir de la Lune comme un anneau lumineux.

Ces principes astronomiques une fois posés, je reviens à ma question, si souvent faite depuis plusieurs années par moi-même à un très-grand nombre de personnes, et je vous demande de quelle grosseur apparente vous voyez la Lune et le Soleil.

A cette question, posée à table, comme je l'ai dit plus haut, on m'a presque toujours répondu, en prenant un point direct de comparaison : « Comme une assiette. »

Cette réponse générale, qui paraît satisfaisante, ne l'est guère. Une assiette, pas plus que tout autre objet, n'a pas de grandeur apparente absolue. Tout dépend de la distance à laquelle on la regarde. Aussi avais-je soin de compléter ma question en ajoutant : « Comme une assiette à quelle distance » ? — Et généralement on répond : « Comme une assiette placée sur la table... à 5o centimètres environ de notre œil ».

Voilà ce que j'ai constaté. C'est de cette dimension apparente que l'on voit généralement la Lune. Certaines personnes la voient plus petite, d'autres la voient plus grosse : l'appréciation n'est pas la même pour tous les yeux. Puis, à l'horizon, quand la pleine Lune rouge s'élève des flots ou des montagnes, on croit la voir beaucoup plus volumineuse encore, « comme un tonneau, comme une meule de foin, etc. » En réalité, sa grandeur apparente est *plus petite* à l'horizon que dans le ciel, de toute la valeur de la parallaxe de la Terre. Aussi notre question a-t-elle pour objet la pleine Lune dans le haut du ciel.

Eh bien, il n'y a pas au monde d'erreur plus colossale que de juger que la Lune offre une dimension apparente égale à celle d'une assiette, même d'une assiette à dessert, sur la table. D'où provient cette erreur monstrueuse? J'en ai vainement cherché la cause.

Examinons, en effet, la question de plus près. La Lune offre un diamètre de 3ı minutes d'arc, c'est-à-dire d'un demi-degré environ (un peu plus). Qu'est-ce qu'*un degré?* C'est la trois cent soixantième partie d'une circonférence quelconque. Ainsi supposons que la table autour de laquelle nous causons mesure

36o centimètres de circonférence, c'est-à-dire $1^m,14$ de diamètre, ou 57 centimètres de rayon. Si nous divi-

Fig. 31.

Cercle de 31 minutes vu à 57 centimètres, représentant, vu à cette distance, la dimension apparente de la Lune et du Soleil.

sons le bord de la table par centimètres, chaque centimètre, chaque intervalle entre deux divisions, équivaudra précisément à un degré.

Or, si l'on plaçait sur le bord de la table un disque de papier de la grandeur apparente de la Lune, loin de couvrir l'emplacement d'une assiette, il ne devrait occuper que la moitié de l'une de ces divisions, la moitié d'un degré, la moitié de 1 centimètre : 5 millimètres et un dixième deux tiers de millimètre.

La Lune et le Soleil ne nous paraissent donc gros que comme un pois de 5 millimètres environ de diamètre, placé à 57 centimètres de notre œil. Au lieu de l'assiette, ce n'est plus qu'un pois dans l'assiette. On voit qu'il y a une sensible différence.

Ces 57 millimètres sont à peu près la longueur du bras, à partir de la paume de la main. Pour se convaincre de la réalité de la singulière exiguïté dont nous parlons, il suffit de prendre dans la main une tête de grosse épingle, ou un crayon, ou quelque objet qui n'ait que 5 millimètres de diamètre, et de le placer, en étendant le bras, devant la Lune ; il l'éclipse entièrement. A plus forte raison, en allongeant le bras, il suffit de placer le petit doigt devant la Lune pour l'éclipser et au delà.

C'est là un chapitre de plus à ajouter à celui des illusions de la vue.

La première fois que j'ai fait cette remarque, c'était par un beau soir d'été, il y a une dizaine d'années. Je commençais à faire des observations astronomiques, et parfois quelques personnes étrangères aux observations venaient regarder la Lune à la lunette. Or, très-souvent, une personne qui mettait l'œil au chercheur s'écriait spontanément : « Oh ! comme elle est petite, elle n'est pas plus grosse qu'un pain à cacheter ». Or remarquez que la petite lunette du chercheur grossissait une dizaine de fois. Ainsi, tout en voyant la Lune dix fois plus grosse qu'à l'œil nu, on la trouvait plus petite. C'est en vérifiant cette sensation optique que je constatai qu'en réalité nous voyons la Lune beaucoup plus petite que nous ne nous l'imaginons.

Ce fait doit être dû, d'une part, à l'irradiation, d'autre part, aux comparaisons instinctives que nous établissons à notre insu entre de grands objets de dimensions connues, comme des maisons, des tours, des coupoles, et la Lune, qui, située toujours au delà, nous paraît de dimensions apparentes comparables.

Cet article sur les dimensions apparentes de la Lune nous l'avons fait paraître à la fin de novembre 186 dans le *Magasin pittoresque*, avec le tracé géométrique à l'appui. Un certain nombre de professeurs, ayant remarqué ces considérations singulières, s'en préoccu pèrent au point de vue de l'application géométrique. Comme complément des remarques que nous venons de faire, nous publierons ici la réponse donnée le 16 janvier suivant par M. Viguier, professeur à Montpellier, dans le *Bulletin de l'Association scientifique de France,* édité à l'Observatoire de Paris.

« Portés par les apparences à nous supposer placés au centre d'une grande sphère, dit-il, et ne pouvant juger de la distance absolue des astres, nous les rapportons à cette sphère, et ils doivent par suite paraître y sous-tendre un arc de grand cercle, correspondant à leur dimension apparente. Si donc ce diamètre correspond, comme pour la Lune, à la 360ᵉ partie de la demi-circonférence, cet astre paraîtra avoir un diamètre égal à la longueur de cet arc ; en d'autres termes, nous jugeons instinctivement qu'il faudrait 360 Lunes environ pour former tout le demi-cercle situé sur notre horizon.

» Posons-nous cette autre question analogue à la précédente : Pourquoi ne cessons-nous pas d'attribuer à une assiette la grandeur que nous lui connaissons, lors même qu'elle est placée à 10 et 20 mètres de notre œil, et que, par suite, son diamètre apparent devient beaucoup plus petit ? Notre jugement cherche encore ici à mettre en harmonie la distance supposée de l'objet, son diamètre apparent et sa grandeur réelle connue ou supposée connue. Ce sont des problèmes en général peu déterminés : si l'inconnu est la grandeur réelle de l'objet, la notion plus ou moins approchée de la distance et celle du diamètre apparent donnent à notre esprit une valeur correspondante des dimensions apparentes; si la grandeur réelle lui est familière, il saura faire intervenir la distance pour corriger la diminution que semble indiquer le diamètre apparent.

» Lorsqu'il s'agit des corps terrestres, nous faisons entrer dans la détermination de leur distance la vue des détails, la couleur bleue de l'air interposé et d'autres éléments bien connus des peintres : c'est avec leur aide qu'ils peuvent quelquefois transformer complétement un sujet et, dans tous les cas, en bien séparer les plans. Dans les matinées d'automne surtout, la nature nous offre en ce genre les effets les plus variés ; mais de là aussi des causes d'erreur dans les évaluations des distances. En outre, un même paysage qui serait à des échelles bien différentes, l'un dans les grandes Alpes, l'autre dans une chaîne bien moins grandiose, pourra produire la même impression ; c'est surtout d'après le rapport des grandeurs que nous portons nos jugements ; aussi se trouvent-ils bien erronés lorsqu'il vient à changer.

» Une indétermination analogue à celle de la question précédente se présente lorsque nous avons à juger de l'intensité d'un son ; aussi sommes-nous exposés à confondre le bruit du tonnerre avec celui d'une charrette ou d'un objet bien moins bruyant encore, pourvu qu'il soit plus rapproché de nous.

» Nous jugeons de l'un des éléments par l'autre, et encore d'autres peuvent-ils les modifier de manière à influer sur notre appréciation ; la connaissance plus ou moins complète de chacun d'eux, c'est-à-dire une longue expérience, une longue éducation des deux organes peuvent venir fortement en aide. Dans les deux cas l'œil et l'oreille disposent les diverses parties de manière à percevoir le plus distinctement possible les impressions que l'esprit doit analyser. Un moucheron, par exemple, passant devant notre œil et projeté à notre insu au loin dans l'espace, peut produire sur notre imagination l'apparence d'un oiseau de proie. Regardez un treillis en fer placé environ à $0^m,40$ de l'œil, disposez ensuite cet organe comme si vous regardiez les losanges tracés sur un mur situé à 10 ou 20 mètres au delà, ils paraîtront amplifiés. Le rôle de l'imagination, de la disposition correspondante des diverses parties de l'œil est évident pour celui qui analyse un peu ses appréciations de grandeur, de distance.

» Plusieurs conséquences résultent des explications qui précèdent. Les dimensions de la Lune, comparées à celles qu'elle aurait si, conservant son diamètre apparent, elle venait se placer à la distance de la vision distincte, doivent donner les dimensions de la sphère à laquelle nous la supposons fixée. On aperçoit sans calcul qu'elles ne sont pas très-considérables. De plus, cet astre, se montrant à l'horizon comme à la base d'une voûte surbaissée, nous semble avoir un diamètre plus grand, parce que nous le voyons correspondre à la 360ᵉ partie d'une circonférence d'un plus grand rayon. Enfin la comparaison de ces grandeurs apparentes doit donner la mesure de ce surbaissement d'ailleurs très-variable. Un autre fait, au premier abord paradoxal, trouve ici son explication : nous ne voyons pas toujours la Lune de la même grosseur ; l'état de l'atmosphère, la profondeur apparente du ciel, de l'horizon plus ou moins estompé par la brume, influent sur notre jugement, et cela toujours parce que la sphère céleste ne conserve pas ses dimensions apparentes. C'est encore pour la même raison que cette grosseur dépend aussi de la vue de celui qui l'observe : à l'aide de simples bésicles, le myope, le presbyte surtout peuvent facilement s'en convaincre.

» On a beaucoup discuté sur les questions analogues à celle-ci : il est, en effet, difficile de se soustraire complétement aux influences que nous subissons depuis que nos organes ont reçu leurs premières impressions et à la suite de leur éducation bien variable pour chacun de nous. De plus, je l'ai déjà dit, les grandeurs absolues nous échappent ; qu'on observe la Lune avec une faible lunette, un terme de comparaison nous manque, et nous continuons à lui attribuer les mêmes dimensions ; mais on pourra juger des grossissements si, tandis que regardant son image avec un œil, on la regarde directement avec l'autre. J'admets aussi qu'un amateur qui, sans réflexion, mettra l'œil à un chercheur grossissant dix fois, voyant l'image de la Lune à la distance de la vision distincte, puisse lui attribuer les dimensions correspondant à son diamètre apparent, celles d'un pain à cacheter ; mais je ne doute pas qu'un observateur, même prévenu, avec un peu d'effort sur son imagination, n'arrivât au même résultat. Ce sont de ces corrections à nos jugements que, par un retour sur nous-mêmes, nous avons à faire quand nous reconnaissons quelque erreur dans nos appréciations de distance, et que nous nous hâtons de mettre en harmonie les apparences avec la réalité, ou enfin toutes les parties d'un ensemble où le trompe-l'œil vient jouer un grand rôle. »

On remarque que la Lune s'élève tantôt plus, tantôt moins au-dessus de l'horizon. Pendant les années 1866 et 1867 on a remarqué qu'elle était plus haute que de coutume, et l'on m'en a écrit.

Il y a deux réponses à cette question :

1° La pleine Lune étant toujours à l'opposite du Soleil est la plus haute quand le Soleil est le plus bas, c'est-à-dire en hiver, puisqu'à cette époque la région du zodiaque habitée par le Soleil s'élève peu à midi. Donc, en règle générale, la pleine Lune est plus haute en hiver qu'en été.

2° La route de la Lune n'est pas exactement la même que celle du Soleil : tantôt elle est au-dessus de l'écliptique et tantôt au-dessous. L'oscillation est périodique et dure 19 ans. Ainsi, en 1857, la Lune restait toujours, même en été, de dix à onze fois son épaisseur plus basse que le Soleil d'hiver. Dans l'hiver de 1866-1867 elle est restée de la même quantité plus haute que le Soleil d'été. Actuellement elle baisse de plus en plus. Dans l'été de 1876, elle sera de nouveau à son minimum de hauteur.

L'INFLUENCE DES MARÉES
SUR LA ROTATION DE LA TERRE.

En 1754, l'Académie des Sciences de Berlin proposa comme sujet de concours la question suivante : *La rotation de la Terre a-t-elle subi un changement quelconque depuis son origine ? quelle en peut être la cause et comment pourrait-on le constater ?* Une réponse à cette question fut alors donnée par Emmanuel Kant ;

on la trouve réimprimée dans le sixième volume do
ses Œuvres, où elle occupe sept pages. Kant s'efforce
d'établir que le frottement des eaux de l'Océan, soule-
vées par la Lune, doit en effet occasionner un retard
dans le mouvement de rotation de notre globe. Dans
l'hypothèse que les eaux équatoriales possèdent une
vitesse de translation de 1 pied par seconde, dans le
sens opposé à la rotation, il trouve que l'accroissement
de la durée du jour serait assez considérable pour produire une diminution de huit heures et demie dans la
longueur de l'année, dans l'espace de 2000 ans. Ce résultat est évidemment exagéré, mais il est très-intéressant au point de vue historique.

En 1848, le Dr Mayer reprit ces idées dans sa *Dyna-
mique céleste*. Il explique que les eaux de l'Océan, traînées comme un frein le long de la surface du globe,
doivent en diminuer la vitesse de rotation; mais il
ajoute que cette diminution est trop petite pour avoir
pu se faire sentir pendant la période à laquelle s'étendent nos observations sur ce sujet. M. Tyndall a cité
et commenté ce passage dans sa conférence sur la
Force (en 1862), et dans son Livre sur la *Chaleur*, publié en 1863.

Dans les *Monthly Notices* de mai 1866, on trouve
un extrait d'un Mémoire publié par M. Ferrel en 1853,
et dans lequel l'auteur établit, par un calcul très-
simple, que l'action des marées produit un retard
sensible dans la rotation de la Terre. Le *Philosophical
Magazine* pour 1864 renferme ensuite un Mémoire de
M. J. Croll sur l'influence que les marées exercent sur
la rotation de la Terre et sur l'accélération du moyen

mouvement de la Lune. En 1865, M. Delaunay a cherché également à démontrer que l'action des marées ralentit la rotation du globe, et que cet effet explique les six secondes que la théorie n'avait pas encore expliquées dans l'accélération de la Lune. M. Bertrand compléta cette démonstration; M. Airy la confirma jusqu'à un certain point, et sir W. Thomson la développa à son point de vue.

M. Stone s'est ensuite occupé de l'influence des marées sur la position de l'axe de rotation de la Terre. Il a fait le calcul dans les deux hypothèses suivantes, entre lesquelles doit se trouver la vérité que le frottement des eaux produit un couple dont l'axe est l'axe instantané de rotation et dont l'intensité est proportionnelle à la vitesse angulaire relative de la Terre et de la Lune dans ce plan. Il trouve alors un déplacement séculaire de l'axe de rotation, mais les formules réduites en nombre (en rejetant les six secondes de l'accélération séculaire de la Lune sur la diminution de la vitesse de la Terre) montrent que le déplacement est de fait absolument insensible. Il est vrai qu'on ne peut tenir compte, dans ce calcul, des changements de figure éprouvés par la Terre. M. Stone établit aussi que, si le sphéroïde terrestre avait eu à l'origine un mouvement de rotation autour d'un axe autre qu'un axe principal, l'axe de rotation se serait peu à peu rapproché du plus petit axe de figure, jusqu'à coïncidence avec celui-ci.

Ainsi il est certain que les marées ont une action sur le mouvement de la Terre. Voici cependant un travail qui conclut que cette action est insensible.

EXAMEN DES ACTIONS DE LA LUNE ET DU SOLEIL SUR LES ÉLÉVATIONS DE LA MER QUI PRODUISENT LES MARÉES, ET DE LEUR INFLUENCE SUR LA ROTATION DE LA TERRE.

M. J.-F. Artur, ex-professeur titulaire de l'Université, docteur ès sciences, des Académies de Caen et de Dijon, a donné dans *les Mondes* sur l'attraction de la Lune et du Soleil des formules simples et élégantes, desquelles il résulte que l'action dont il s'agit sur le mouvement de la Terre est presque insensible.

En représentant par 1 la pesanteur, à la surface de la Terre, o,163 est celle qui existe à la surface de la Lune, $9^m,8$ est la vitesse qu'acquièrent les corps en tombant librement dans le vide pendant 1 seconde à la surface de la Terre, et par suite

$$9^m,8 \times o,163 = 1^m,5974$$

représente celle qu'acquièrent les corps qui tombent librement pendant 1 seconde à la surface de la Lune.

Il est bon de remarquer en passant que les quantités $9^m,8$ et $1^m,5974$ sont proportionnelles aux attractions 1 et o,163 de la Terre et de la Lune à leurs surfaces.

En représentant par 1 le rayon Ca de la Terre, celui LM de la Lune est o,27 et la distance CL des centres de la Terre et de la Lune est 60.

On a

$$\overline{LC}^2 : \overline{LM}^2 :: 1^m,5974 : x = o^m,0000323 47,$$

qui représente la vitesse que l'attraction lunaire imprime aux corps situés en C pendant 1 seconde de temps.

$$\overline{LA}^2 : \overline{LM}^2 :: 1^m,5974 : y = 0^m,000033453\ldots$$

$0^m,0000011106$ est donc l'excès que l'attraction lunaire

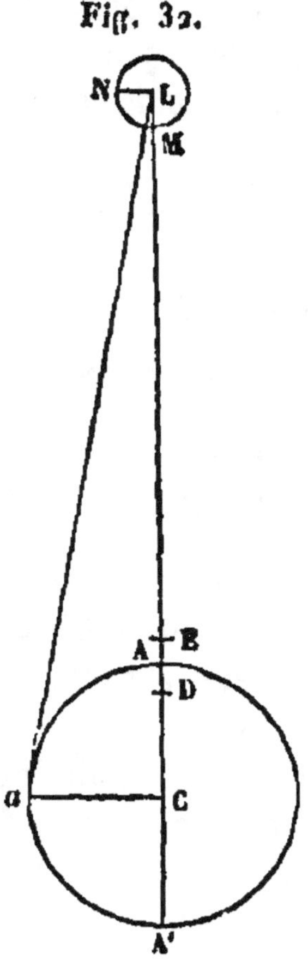

Fig. 32.

pendant 1 seconde de temps fait acquérir aux corps situés en A sur ceux qui sont en C.

L'attraction de la Lune en A y réduit donc à

$$9^m,8 - 0^m,0000011106 = 9^m,799998894$$

la vitesse que les corps acquièrent en y tombant librement pendant 1 seconde de temps.

En A, l'attraction terrestre est donc diminuée de

$$\frac{0,000001106}{9,8} = \frac{1}{8860759}.$$

Si AD représente la profondeur de la mer en A, il faut que sa surface s'élève jusqu'en E pour compenser l'affaiblissement de son poids, occasionné par la Lune, et l'on a

$$9^m,799998894 : 9^m,8 :: AD : DE,$$

puis

$$9,799998894 : AD :: 9,8$$
$$- 9,799998894 : DL - AD = DE,$$

d'où

$$AE = \frac{0,000001106}{9,799998894} \, \text{AD} = \frac{1}{8860758} \, \text{AD}.$$

Il faut donc que la profondeur de la mer en A soit de 8860758 millimètres ou de $8860^m,758$, près de 9 kilomètres, pour que l'eau s'y élève de 1 millimètre par l'attraction de la Lune.

On trouverait de même que l'excès de l'attraction de la Lune L en C sur celle qui a lieu en A' ferait élever la mer en A' d'un peu moins qu'en A pour une même profondeur de l'eau.

Passons maintenant à la détermination de la composante suivant le rayon aC perpendiculaire à CL de l'action de la Lune en a.

Pour éviter le calcul de l'hypoténuse aL du triangle rectangle aLC, nous supposerons aL = CL ; ce qui augmentera très-peu l'attraction réelle de la Lune L en a.

Le rayon LN de la Lune étant vu de la Terre sous l'angle de 16 minutes, le rayon aC de la Terre est sensiblement vu de la Lune sous l'angle aLC de

$$16' \times \frac{a\text{C}}{\text{LN}} = 16' \times \frac{1}{0,27} = 59'16''.$$

La composante de l'attraction de la Lune L en a suivant le rayon aC est donc telle qu'elle y imprimerait aux corps, pendant 1 seconde de chute, une vitesse exprimée par

$$0^m,00003a347 \cos \text{L}a\text{C} = 0^m,00003a347 \sin a\text{LC}$$
$$= 0^m,00003a347 \sin 59'16'' = 0^m,000000558.$$

Cette quantité, qui est réellement un peu grande, surpasse très-peu la moitié $0^m,000000553$ de $0^m,000001106$; d'où il suit que l'on peut admettre que la Lune abaisse de $\frac{1}{2}$ millimètre la mer en a, si sa profondeur y est de $8860^m,758$ comme en A.

Si la Terre était entièrement recouverte de 9 kilomètres d'eau, les actions de la Lune feraient seulement varier de $1^{mm},5$ son niveau à l'équateur terrestre.

Il suit de là que les actions de la Lune sur les marées pour modifier le mouvement de la rotation de la Terre sont réellement insensibles, puisqu'il faut une élévation de 1 mètre dans un cercle ayant 675 kilomètres de rayon (12 degrés de diamètre sur l'équateur terrestre), et que son centre soit à 45 degrés à l'est de la Lune, pour la retarder de 6 secondes par siècle.

(*Voir* le Mémoire de M. Delaunay dans les *Comptes ren-dus*, t. LXI, 2ᵉ semestre de 1865, p. 1023.)

Si l'on objecte que la mer a plus de 9 kilomètres de profondeur à certains endroits, on répond qu'elle en a moins dans la majeure partie de son étendue.

On peut ajouter que les continents et les îles diminuent l'étendue sur laquelle la Lune agit pour faire varier les niveaux des mers.

Les marées, qui sont assez considérables auprès de certaines côtes, proviennent de l'accumulation des eaux courantes contre les obstacles qu'elles rencontrent.

L'heure de l'établissement de la marée dans un port indique aussi l'angle que fait le méridien du lieu avec celui que détermine la Lune les jours des syzygies, à l'époque de la haute mer.

Ainsi l'établissement d'un port à 3 heures du soir et 9 heures du matin indique que le méridien de la Lune est à 45 degrés à l'ouest et à l'est de celui du lieu lors de la haute mer les jours de syzygies.

Les jours suivants, la haute mer arrive lorsque la Lune est à 45 degrés à l'ouest et à l'est du méridien du lieu.

Les actions de la Lune sur les marées, dont l'établissement a lieu depuis 6 heures du matin jusqu'à midi, accélèrent, et de midi jusqu'à 6 heures du soir retardent la vitesse de la rotation de la Terre.

Dans les tableaux des vents, des marées et des courants sur toutes les mers du globe, par Ch. Romme, on peut voir que les divers établissements des marées ont lieu à toutes les heures de la journée.

Aux syzygies, le Soleil agit comme la Lune pour faire varier les niveaux des mers, et, aux quadratures, il agit en sens contraire avec la même énergie, en ajoutant à ce qui précède que, en chaque endroit, la haute mer retarde de vingt-quatre heures pendant une lunaison ; il s'ensuit que les actions du Soleil sur les marées ne produisent pas d'effet sensible pour influencer la vitesse de la rotation de la Terre.

Il résulte donc de tout ce qui précède que les actions de la Lune et du Soleil sur les marées ne peuvent avoir qu'un effet à très-peu près insensible, pour influencer la vitesse de la rotation de la Terre.

M. Babinet écrivait sur ce même sujet dans ses *Études et Lectures* :

« La cause qui produit ces mouvements de l'Océan qui nous paraissent si grandioses, la force qui agite si puissamment l'Océan n'est pas tout à fait un neuf millionième de la pesanteur. Sur un hectolitre de blé, pesant moyennement 75 kilogrammes et contenant environ 1 800 000 grains, c'est le poids du cinquième d'un grain de blé !

» Pour faire encore mieux comprendre le peu d'action de la Lune sur les objets placés ici-bas, je dirai que, sur un corps pesant 90 kilogrammes, la diminution de poids ne serait que de 1 centigramme. Ainsi un homme qui marche, ayant la Lune au-dessus de sa tête, n'a pas son poids diminué de cette quantité. C'est la centième partie du poids d'une pièce d'argent de 20 centimes.

» La Lune, quand elle est sur nos têtes, exerce son attraction plus fortement sur les objets terrestres que sur le noyau de la Terre, et elle diminue légèrement le poids des corps. Cet effet est insensible aux instruments les plus délicats. Pour un homme de forte taille, la diminution du poids ne va pas, à beaucoup près, à la moitié du poids d'un grain de blé; mais enfin cette action lunaire, s'étendant sur la vaste surface des océans et venant se concentrer dans les golfes et les espaces resserrés de nos détroits peu profonds, produit des mouvements considérables. »

On peut remarquer, à cette occasion, que les océans de Jupiter excités par l'action de ses quatre Lunes doivent être dans un état perpétuel de flux et de reflux. C'est quelque chose comme huit marées par jour, et le jour n'a, dans cette planète, que la durée de dix de nos heures au lieu de vingt-quatre heures de notre jour.

OCCULTATION DE SATURNE PAR LA LUNE LE 19 AVRIL 1870.

Ce rare phénomène a été observé à l'Observatoire royal de Greenwich et a été l'objet d'un rapport de l'astronome royal. Il a été également observé par le capitaine Noble, Forest lodge, Maresfield ; Sussex, par M. Talmage, à l'Observatoire de M. Barclay, à Leyton ; par M. Joynson, à Waterloo, près Liverpool, et par M. Penrose, à Colebyfield, Wimbledon. Voici le résumé de ces diverses observations :

1. Observation faite à Greenwich : .

Phénomènes.	E.	C.	J. C.
	^{h} ^{m} ^{s}	^{s}	^{s}
Premier contact avec l'anneau.	14.55 49,8	55,5	50,8
Premier contact avec le globe..	14.56 13,8	17,4	16,7
Disparition totale du globe....	14.56 44,7	53,3	60,1
Disparition totale de l'anneau.	14.57 15,6	16,8	24,6
Première réappar. de l'anneau.	16.4 »	34,2	33,5
Première réapparit. du globe.	16.5 »	0,1	0,4
Dernier contact avec le globe..	16.5 »	40,5	44,3
Dernier contact avec l'anneau.	16.6 »	5,4	6,2

Le premier observateur, M. Ellis, a observé à l'altazimut avec un grossissement de 100 fois. Les trois premiers nombres peuvent avoir une erreur d'une ou deux
secondes ; le dernier est encore plus incertain, la lumière de la planète étant très-faible par contraste avec
celle de la Lune.

Le second observateur, M. Criswick, a observé à
l'équatorial avec un grossissement de 64 fois. Les observations de la disparition sont douteuses à cause de
la grande faiblesse de la planète à son approche du
limbe brillant de la Lune; le premier contact avec le
limbe de Saturne est le meilleur. Les observations de
la réapparition sont très-bonnes ; celles du premier
bord de la planète et du dernier contact de l'anneau
sont les meilleures. On n'a remarqué aucune altération
dans la forme de la planète; le limbe de la Lune parut à la réapparition couper la planète avec une netteté parfaite.

Le troisième observateur, M. Carpenter, a observé

au grand équatorial avec un grossissement de 340. A la disparition, la planète parut très-sombre en arrivant en contact avec la Lune : sa lumière n'égalait guère que $\frac{1}{20}$ de celle de la Lune. Les moments inscrits ci-dessus sont corrects à une seconde près, excepté le dernier, qui offre deux et trois secondes d'incertitude. A sa réapparition, la planète paraissait tremblante; on n'a remarqué aucune déformation.

2. Le capitaine Noble commença son examen par l'étude de l'aspect de la planète, à l'aide d'un grossissement de 255 fois pour son équatorial de 4,2 pouces. Malgré sa faible altitude, Saturne était net et bien défini, et l'on voyait les zones du globe aux environs du pôle nord. L'ombre du globe se marquait à l'ouest sur les anneaux. L'anneau crêpé était visible dans les anses avec une grande netteté. Comparé avec la brillante lumière blanche de la Lune, Saturne paraissait colorié d'une teinte violet verdâtre. Nous ne reproduirons pas les heures d'observation; remarquons seulement que la pâleur de la planète ne l'a pas empêchée de rester distincte à son passage derrière les bords de la Lune, et de ne subir aucune déformation.

L'émersion a été très-frappante, attendu l'excessive netteté de Saturne; les détails les plus délicats restèrent perceptibles même lorsqu'ils arrivèrent en contact avec le limbe lui-même. L'anneau crêpé gagna en visibilité, lorsque le bord sombre de la Lune le croisa. Je n'ai jamais, dit l'auteur, été plus impressionné que dans cette occasion de l'absence absolue d'une atmosphère lunaire d'une densité appréciable.

3. M. Talmage écrit, à la Société astronomique de Londres, qu'il a observé complétement cette occultation de Saturne. Le ciel est resté clair depuis le coucher du Soleil jusqu'à son lever. Saturne resta visible à l'œil nu jusque trois minutes et demie avant le moment de la disparition.

Deux heures avant, on ne remarquait aucune différence frappante de couleur entre Saturne et la Lune; mais à 14 heures la différence devint très-sensible, et à $14^h 45^m$ il était visible que la planète était douée d'une teinte violette. Voici les heures d'observation :

	h m s
Disparition de Titan..............	14.49.18,97
Premier contact avec l'anneau......	14.55.51,90
Premier contact avec le globe......	14.56.15,84
Disparition finale du globe.........	14.56.57,73
Disparition finale de l'anneau.....	14.57.17,68
Réapparition de Titan.............	15.58.56,53
Réapparition de l'anneau..........	16.4 .31,63
Réapparition du globe.............	16.4 .58,56
Anneau détaché de la Lune........	16.6 . 1,89

On s'est servi d'un grossissement de 110 et d'un réfracteur de 10 pouces. L'auteur pense qu'il aurait pu observer l'occultation des faibles satellites, car il a aperçu plusieurs petites étoiles précédant et suivant Saturne. Le champ de la lunette en paraissait du reste rempli.

Latitude................	$51° 34' 34''$ N.
Longitude.............	$0^h 0^m 0^s,87$ O.

4. Voici maintenant les observations de M. Joynson :

DISPARITIONS.

	h m s	
Premier contact de l'anneau....	14.52.52,7	G. M. T.
Contact intérieur..............	53. 2,2	
Premier contact du globe.......	53.22,1	
Dernier contact................	53.39,6	
Contact intérieur de l'anneau...	54. 2,0	
Dernier contact................	14.54.10,1	

RÉAPPARITIONS.

Première app. de l'anneau.	Non obs. à cause des nuages.	
Bord intérieur..........	Non observé.	
	h m s	
Premier limbe du globe.....	16.0.29,1	G. M. T.
Dernier limbe..............	0.46,0	
Bord intérieur de l'anneau...	1. 7,3	
Dernier bord..............	16.1.15,9	

Lunette de 3 pouces $\frac{1}{2}$; grossissement 110.

Latitude..............	53° 28′ 24″ N.
Longitude	$0^h 12^m 6^s,9$ O.

Cette observation de l'occultation de Saturne clôt dignement notre exposé des principaux travaux de l'Astronomie contemporaine. Outre les nouvelles constatations d'Astronomie physique auxquelles elle a donné lieu, elle confirme le doute que nous exprimions à propos des passages de Vénus et de Mercure, savoir que, loin de répondre d'un contact à un centième ou un dixième de seconde près, un astronome consciencieux ne peut affirmer constater le phénomène à moins de *plusieurs secondes* près. — L'ère de l'Astronomie physique est ouverte, et nous nous doutons à peine des travaux qu'elle nous prépare.

ENREGISTREMENT

DES

BOLIDES ET AÉROLITHES

OBSERVÉS

DE 1866 A 1870.

RELEVÉ DES OBSERVATIONS

D'AÉROLITHES ET DE BOLIDES,

FAITES DE 1866 A 1870.

Parmi les phénomènes astronomiques les plus dignes d'intérêt se rangent à juste titre les chutes mystérieuses de fragments originaires des mondes étrangers au nôtre. L'étude de leur cours dans l'espace et de leur rencontre avec notre planète errante, l'analyse de leur composition chimique, fournissent des documents utiles à l'histoire de l'univers, aussi est-il important pour notre revue astronomique spéciale d'enregistrer avec soin les chutes d'aérolithes qui nous arrivent de temps en temps, de noter les circonstances souvent curieuses qui les accompagnent et de mentionner comme complément les apparitions de bolides qui, sans laisser de fragments météoriques derrière eux, frappent néanmoins vivement l'attention scientifique par le caractère de leur passage à travers notre atmosphère.

Depuis la fameuse chute de Laigle et le Rapport analytique de Biot à l'Académie des Sciences (*), ces météores appartiennent à l'histoire positive des sciences et sans doute ils serviront un jour à compléter nos connaissances sur la constitution de l'univers.

(*) *Voir* cette curieuse relation et l'histoire de ces météores dans nos *Contemplations scientifiques,* p. 321.

C'est souvent avec émotion qu'on suit dans leur course rapide les étoiles filantes et les aérolithes. Ces parcelles de mondes inconnus, sortes de messagers des espaces célestes, élargissent le champ de la pensée humaine et prédisposent l'âme à la rêverie. Elles suscitent dans notre esprit tout un monde d'idées et nous entraînent, à notre insu, dans le domaine de la philosophie transcendante ; aussi les amis des sciences notent-ils avec empressement les particularités de leur apparition, de leur position et de leur éclat.

L'abondance des matières de notre dernier volume nous a obligé à conserver pour celui-ci les curieuses observations d'aérolithes et de bolides faites surtout en 1868. En réunissant ici un ensemble de plusieurs années, nous embrasserons le spectacle sur une plus vaste étendue, et nous nous rendrons mieux compte, par les comparaisons, des idées que l'Astronomie contemporaine permet de fonder sur ces phénomènes. Nous avons recherché avec soin et réuni toutes les observations faites, tant pour les bolides simples que pour les chutes d'aérolithes (*), en éliminant tout ce qui n'appartient qu'aux étoiles filantes proprement dites, dont nous avons donné la théorie dans notre t. II (p. 88-145). Nous n'appelons *bolides* que les apparitions qui, surpassant en éclat Vénus et Jupiter, ont un diamètre

(*) A part les documents que nous avons reçus directement des différents pays, les sources principales auxquelles nous avons puisé pour ces observations sont : les *Comptes rendus de l'Académie des Sciences*, les *Bulletins de l'Association scientifique*, les *Nouvelles météorologiques*, les *Mondes*, les *Bulletins de l'Académie de Belgique*, *l'Institut*.

sensible. Nous rangeons toutes les observations par ordre de date, sans séparer les aérolithes et les bolides en deux divisions distinctes. Telle apparition peut être une simple traversée de bolide ici, tandis que plus loin ce sera une chute d'aérolithe. Les comparaisons des trajectoires et de la distance des lieux d'observation pourront faire connaître la hauteur du trajet des météores.

Sans remonter plus haut dans la revue de ces météores (*voir* notre t. Ier, p. 144-160), nous croyons utile de commencer nos relations par les chutes remarquables de l'année 1866 ; elles sont au nombre de quatre : celle du 30 mai à Saint-Mesmin (Aube) ; celle du 9 juin en Hongrie ; celle du 20 juin à Boulogne-sur-Mer, et celle du 25 août en Algérie.

OBSERVATIONS D'AÉROLITHES FAITES EN 1866.

§ 1.

Chute d'aérolithes à Saint-Mesmin.

Le 3o mai 1866, vers trois heures trois quarts du matin, par un temps calme et une atmosphère chargée seulement de quelques nuages, on vit, entre Mesgrigny et Payns, un météore lumineux parcourir l'atmosphère avec une extrême rapidité. Peu d'instants après l'apparition du météore, trois détonations, comparables au bruit du canon, se succédèrent à une ou deux secondes de distance. Elles furent suivies d'une série de détonations plus faibles, rappelant un feu de peloton. Ces explosions durèrent l'espace d'une minute; elles étaient comme sontenues ou accompagnées par un sourd grondement.

Les mêmes phénomènes ont été observés, avec quelques légères variations, à Montereau, à Maison-Rouge, à la Chapelle-Saint-Luc, etc., sur une distance de 85 kilomètres. A Nangis et à Bray-sur-Seine, on n'a pas entendu les détonations; le bolide y offrait l'aspect d'un globe de feu, moins gros que la Lune, suivi d'une longue queue enflammée. Plusieurs témoins ont affirmé que les premières détonations ont occasionné des secousses dans les murs des habitations. Cinq d'entre eux, domiciliés à Nogent-sur-Seine et aux Ormes, ont cru qu'on *frappait à leur porte* et se sont levés pour aller ouvrir. Un gardien du chemin de fer prétend que, avant qu'il eût entendu aucun bruit sa guérite aurait éprouvé une telle secousse qu'il pensa qu'elle allait tomber. Il s'est levé précipitamment pour sortir, et c'est en franchissant le seuil qu'il a entendu la première détonation du météore.

La lumière n'était pas blanche, mais rougeâtre; quelques témoins ont vu un nuage blanc se former derrière le globe de feu. Sa direction paraît avoir été de l'ouest-nord-ouest vers l'est-sud-est; elle se rapprochait de celle d'une ligne droite tirée de Troyes vers Paris.

Après les détonations, on vit une langue de feu se précipiter vers la terre. En même temps, on entendit un sifflement, comme celui d'une fusée, mais très-violent. Un employé du chemin de fer, nommé Carré, a déclaré que ce sifflement lui occasionna un frisson qui dura quatre minutes, et un bourdonnement dans les oreilles pendant une heure. Il fut suivi d'un bruit sourd, comme celui d'une bombe frappant le sol à peu de distance. M. Carré se mit à faire des recherches aux environs, mais ce n'est que le soir qu'il découvrit, sous la banquette de droite d'une tranchée où passe la voie, au point kilométrique 146 ½, un endroit où le sol était fraîchement remué. Il le fouilla et trouva une pierre noire enfoncée au fond d'un trou, qu'elle paraissait avoir formé, et qui avait 23 centimètres de profondeur.

La pierre du 30 mai a la forme d'un prisme dont une des bases serait un hexagone symétrique; elle mesure 13 centimètres sur 12 et 9, son poids est de 4 kilogrammes 200 grammes. Le point où l'aérolithe a été trouvé par M. Carré est à 66 mètres de sa guérite, ce qui n'a pas empêché le météore de produire sur lui l'effet dont nous avons parlé. Un boulet de canon, ayant le même volume, aurait produit un sifflement beaucoup moins intense, et cependant aurait pénétré dans le sol bien plus profondément.

Le 31 mai, un gendarme découvrit, au lieu dit le Bas-de-Brun, situé à plus de 600 mètres du premier point, une deuxième pierre, tout à fait semblable, pesant $2^{kg},210$. Elle avait fait un trou de 28 centimètres. Sa forme est celle d'un parallélépipède, grosseur de 16 centimètres sur 9 et 9. Ses arêtes sont arrondies. Un troisième aérolithe, provenant de la même chute, a été trouvé le 1er juin par un cultivateur de Courlanges, dans un chemin d'exploitation. Il pèse 1 kilogrammes 860 grammes et n'avait pénétré dans le sol que de 10 centimètres, puis en était ressorti en ricochant sur un fond dur. Cette pierre a une forme plus arrondie que les deux autres. Elle est tombée à 1430 et à 1850 mètres de distance respectivement de ces dernières. Les trois points sont dans la banlieue de Saint-Mesmin.

Les aérolithes de Saint-Mesmin appartiennent au type commun. Ils sont formés d'une substance pierreuse de couleur grise, où se trouvent empâtées des parties blanches et des parties noirâtres, ainsi que des paillettes métalliques. M. Pisani, qui en a fait l'analyse chimique, y a trouvé du fer nickélifère, de la pyrite jaune de bronze, du fer chromé, de l'oxyde ferreux, de la magnésie. La densité est 3,426 d'après M. Pisani, et 3,56 d'après M. Daubrée. La croûte noire qui recouvre ces météorites est généralement mate, mais pré-

sente des portions brillantes qui paraissent indiquer
une fusion plus complète de la surface. M. Daubrée,
qui a présenté ces pierres à l'Académie des Sciences,
leur trouve une grande analogie avec celles qui proviennent de la chute de Laigle, du 26 avril 1803. L'un
des échantillons, celui qui a été trouvé le 1er juin, offre
une particularité digne d'être citée. Sa croûte n'est
pas complète; dans une dépression de 1 centimètre qui
s'est produite sur l'un des angles, le vernis se divise
en filaments qui laissent à nu une partie de la surface.
On dirait que cette météorite, après avoir été complète-
ment enveloppée de son vernis, a subi, de la part d'une
autre météorite voisine, un choc suivi d'une cassure,
mais trop peu de temps avant son arrivée à terre pour
que la croûte pût se reformer.

Deux de ces pierres ont été données à la collection
du Muséum d'Histoire naturelle.

§ 2.

Chute d'aérolithes en Hongrie.

Quelques jours après la chute précédente, le 9 juin
1866, entre 4 et 5 heures de l'après-midi, une chute
remarquable d'aérolithes arriva à Kniahynia, comtat
d'Unghvar (Hongrie). Une violente détonation, que
les habitants de Kniahynia comparent à celle qu'eût
produite la décharge simultanée d'une centaine de canons, annonça son apparition, sous la forme d'un nuage
gris, estimé par les témoins comme dix fois aussi grand
que le disque apparent du Soleil, et émettant de toutes
parts des colonnes de fumée grisâtre, sans aucun ves-

tige d'apparence lumineuse. Deux ou trois minutes
après l'explosion, on entendit un bruit semblable à
celui que causerait une multitude de pierres s'entre-
choquant et durant pendant dix à quinze minutes;
aussitôt qu'il eut cessé, la chute des pierres eut lieu.
Plusieurs témoins de localités à 6 et 12 milles (1 mille
d'Autriche égale 7^{km},500) et spécialement ceux d'Épu-
ries (12 milles à l'ouest du point de la chute) décrivent le météore comme ayant présenté l'aspect d'un
globe lumineux jaune et orangé, suivi d'une traînée
bordée de bleu outre-mer, et s'étant partagé en deux
(selon d'autres en plusieurs) globes lumineux en arrivant au point le plus bas de sa chute. La détonation
a été entendue à une distance de 12 milles au sud-
est, de 16 milles au sud-ouest, de 12 milles à l'ouest
et de 2 milles au nord. Le globe lumineux a été vu,
mais la détonation n'a point été entendue à une distance sud-ouest de 16 milles et à une distance ouest de
28 milles. Toutes les pierres étaient encore *chaudes*
au toucher plusieurs heures et même *plusieurs jours*
après la chute, et sentaient le *soufre.*

Selon une observation probablement trop modique,
1000 fragments, pesant ensemble 800 à 1000 livres
(1 livre de Vienne égale 560 grammes), sont tombés
sur un espace long de près de 2 milles du nord-ouest au
sud-ouest, et large de trois quarts de mille. On en a ramassé près de 60. Le plus gros de tous, pesant 550 livres
et cassé en deux moitiés presque égales par la violence
de la chute, est tombé sur un pré où il a pénétré jusqu'à
11 pieds (1 pied de Vienne égale 0^m,316) et a creusé
un trou profond de 4 pieds et de 4 $\frac{1}{2}$ pieds de dia-

mètre. Le grand axe de cette énorme météorite était légèrement incliné du nord-est au sud-ouest. On trouva à proximité un fragment de $73\frac{1}{2}$ livres, d'autres pesant de 6 à 3o livres, et une multitude d'autres plus petits encore de 2 et 1 et jusqu'à $\frac{1}{250}$ de livre. Tous, depuis le plus grand jusqu'au plus minime, sont *complétement encroûtés d'un émail* noirâtre; leur structure intérieure rappelle celle des météorites de Panallee, Assam, etc.; leur densité, à 20 degrés, R. est 3,520.

Si l'on combine toutes les observations de témoins oculaires, on peut constater que le météore en question est arrivé à la surface de notre globe dans une direction approximative de nord 76 degrés est vers sud 76 degrés ouest, sous une distance zénithale de 6 degrés. Cette direction, prolongée vers la voûte céleste, répond à la région sud de la Grande Ourse. On voit qu'en résumé cette chute représente au moins 5oo kilogrammes, saisis au passage par l'attraction de la Terre, dans sa course au milieu des matériaux cosmiques de l'espace.

§ 3.

Bolide et aérolithes à Boulogne-sur-Mer.

Le même mois, le 20 juin, vers 11 heures du matin, un magnifique bolide fit explosion au-dessus de la ville de Boulogne-sur-Mer. Le phénomène a été observé dans un grand nombre de localités, et le soin avec lequel MM. Legros et Leblanc, ingénieurs des Ponts et Chaussées ont, sur la prière de M. Daubrée, recueilli les renseignements qui s'y rapportent, permet d'établir des données précises sur ce météore. A ces renseignements s'en joignent d'autres encore recueillis par M. Roustan, ingénieur en chef du matériel au chemin de fer du Nord.

Le ciel ne présentait que de légers nuages, et le soleil était éblouissant, lorsqu'on vit apparaître dans l'air une traînée lumineuse remarquable.

M. Carcenat, qui la vit de la gare de Saint-Pierre-lès-Calais, la compare à une énorme chandelle romaine se dirigeant vers la mer, du côté du cap Gris-Nez, presque au zénith vers le sud-ouest, avec la rapidité d'une étoile filante. Il ajoute que, pendant le parcours du cours lumineux, il se formait une double traînée fumeuse, blanchâtre, qui a persisté environ dix minutes après le phénomène.

D'après M. Leblanc, la traînée de vapeur, quand il l'aperçut, était enroulée en spirale suivant un grand axe dirigé approximativement du nord-nord-est au sud-sud-ouest. Plusieurs spectateurs la décrivent comme une bande parsemée de nœuds lumineux. Suivant un autre, qui se trouvait au moment du phénomène au pied de la batterie des dunes du côté du chenal, la traînée parut d'abord comme une bande immense de vapeur dont les sinuosités s'accentuèrent de plus en plus jusqu'à la disparition. Un autre encore assigne à la traînée la forme d'une hélice, et le maître de port du Portel la compare à un tire-bouchon.

Au rapport de M. Lens, conducteur principal des Ponts et Chaussées à Étaples, un ouvrier aurait vu jaillir de la tête de la traînée des jets de lumière comparables à ceux qui se produisent dans les aurores boréales. M. Nollent, conducteur des Ponts et Chaussées à Boulogne, compare cette tête à un fer chauffé à blanc, d'où s'échappent des jets d'étincelles.

Ces phénomènes lumineux ont été observés aussi dans plusieurs localités de la *Belgique* et vers l'est jusqu'à Theux (entre Verviers et Spa). Le bolide s'y présenta sous la forme d'une masse lumineuse marchant avec lenteur. Il disparut derrière une colline sans que son passage eût été accompagné d'aucun bruit. A Vaux-Borset, près de Liége, le météore fut à peu près semblable; on compara sa forme à celle d'un cerf-volant : « la tête était grosse comme un chapeau et la queue, longue d'environ 2 mètres, était épaisse à l'origine et se terminait en pointe ». A Lillois (près de Nivelles), il ressemblait à une grosse étoile à queue flamboyante et aux couleurs changeantes.

Pour les observateurs du département du Pas-de-Calais, l'apparition du bolide, loin d'être silencieuse comme en Belgique, fut suivie d'une double détonation extrêmement violente. On crut à Boulogne que la machine d'un bateau à vapeur venait de sauter. A Saint-Omer, on attribua le bruit à l'explosion de la poudrerie d'Esquerdes. De Dunkerque à Saint-Valery-sur-Somme le phénomène sonore fut parfaitement observé, ce qui porte à 170 kilomètres l'étendue du pays où le bruit fut sensible.

Les témoins ne sont pas absolument d'accord sur l'intensité et la durée de la détonation, cependant elle est généralement comparée à celle d'une pièce de canon ou d'une bombe qui éclate. M. Carcenat assure que la traînée avait disparu depuis trois minutes au moins lorsque le bruit se fit entendre, semblable à celui d'un canon de fort calibre tiré à 20 mètres de distance. Ce coup fut suivi d'un roulement sonore qui dura plus d'une minute et s'éteignit graduellement. Pour MM. Larivière et Plock, ingénieurs des Ponts et Chaussées à Dunkerque, l'intervalle entre la lumière et le bruit a été de deux minutes. M. Leblanc a observé, après la détonation, un long roulement accompagné de puissantes vibrations cornant aux oreilles, qui se succédèrent pendant deux ou trois minutes, en diminuant d'intensité.

A la suite de la détonation, on a entendu à Boulogne un bruit semblable à celui que produit la vapeur qui s'échappe d'une chaudière.

On n'a rien ramassé à la suite de l'explosion qui puisse être considéré comme d'origine météorique, mais plusieurs relations portent à penser que des corps solides sont néanmoins tombés. M. Sagner a cru voir tomber quelque chose à vingt pas du lieu où il se trouvait; il a vu rouler les cailloux et une épaisse poussière s'est formée; il a fait quelques recherches, mais il n'a rien trouvé.

A Brexent-Enoch, le sieur Mauroy dit que des pierres ou des cailloux sont venus frapper contre sa porte au moment de l'explosion. Auprès de Wichem, le sieur Bigou, berger, dit qu'au moment de la détonation une épaisse poussière s'est formée tout à coup, et il a vu rouler les cailloux à vingt pas de lui. Cette poussière a laissé une trace apparente sur plusieurs mètres d'étendue.

Des marins d'Étaples, étant à la mer, ont vu les eaux

s'agiter tout à coup : ils croient que des pierres ont dû tomber en mer. Les marins de Merlimont ont fait la même observation ; d'autres marins d'Étaples assurent avoir vu le sable voler autour d'eux au moment seulement de la détonation.

D'après un grand nombre d'observations qu'il avait recueillies, M. Leblanc s'est occupé de déterminer la trajectoire parcourue par le bolide. Ce travail conduit à admettre que la trajectoire en question est orientée du nord-nord-est au sud-sud-ouest, et que l'explosion a eu lieu au-dessus de l'embouchure de la Canche.

A la suite de cette Communication, faite à la Société météorologique, M. de Puydt fait observer que dans diverses localités, et entre autres à Dunkerque, l'espace de temps qui s'est écoulé entre le phénomène lumineux produit par l'explosion du bolide et le bruit de cette même explosion a été évalué à deux ou trois minutes, ce qui suppose une distance de 40 à 60 kilomètres. Sur d'autres points, des observateurs déclarent avoir constaté la chute de corps solides sur terre et dans la mer, *simultanément et en même temps* qu'ils percevaient le bruit de l'explosion.

« Est-il probable, demande M. de Puydt, que ces corps d'une densité assez grande, projetés avec une vitesse initiale considérable, comme le supposent les phénomènes lumineux observés, ne soient arrivés à la surface de la Terre qu'avec la lenteur de marche du son, ou faut-il supposer que tous ces fragments ont d'abord été projetés verticalement de *bas en haut*, et que la résultante du mouvement initial et du mouvement dû à la force de projection égalait la vitesse du son? »

M. Marié-Davy répond que l'évaluation du temps est toujours très-difficile dans les phénomènes subits auxquels on n'est nullement préparé. L'explosion peut lancer des fragments dans tous les sens et leur donner ainsi des vitesses relatives inégales, bien que la vitesse due à l'explosion soit probablement extrêmement faible relativement à la vitesse initiale. M. de Puydt sait combien l'influence retardatrice de l'air varie avec la masse des fragments qui s'y mouvent. Aucun de ces fragments n'ayant été recueilli, on ne peut juger de leur grosseur. M. Leblanc fixe à 18 kilomètres la hauteur du point où eut lieu l'explosion au-dessus de l'embouchure de la Canche. Dans tous les cas, le bolide a traversé le nord de la France et la Belgique.

§ 4.

Chute d'aérolithes en Algérie.

La chute d'aérolithes du 25 août en Algérie est beaucoup plus remarquable que la précédente, et s'est faite dans des conditions qui rendaient facile la constatation de l'authenticité du fait.

Les circonstances qui ont accompagné la chute de cette pierre météorique ont été constatées sur les lieux mêmes, le lendemain de l'événement, par un géomètre du service topographique, M. Grenade, et par deux officiers du bureau arabe que le commandant de la subdivision d'Aumale, M. le colonel Renson, s'était empressé d'envoyer sur les lieux.

La pierre météorique du 25 août a été probablement le résultat de l'explosion d'un gros bolide, qui s'est

divisé en un certain nombre de fragments, car on a
vu tomber, au même instant, deux pierres de forme et
de composition semblables, à deux endroits distants
l'un de l'autre d'environ 5 kilomètres. La chute des
autres fragments a passé inaperçue, ce qui n'a rien
d'étonnant dans un pays peu habité et très-accidenté.
Des recherches ultérieures ou le hasard feront peut-
être découvrir d'autres échantillons de cette averse de
pierres.

Le premier des points où l'on a vu tomber ces pierres célestes est situé à 5o kilomètres au nord de la
ville d'Aumale, non loin du ruisseau dit *Oued Soufflat*.

Un indigène a rendu compte dans les termes suivants
de la chute dont il a été témoin, entre 11 heures et
midi, à moins de vingt pas de distance, dans la tribu
des Ouled-Sidi-Salem.

» Il était à peu près la moitié du jour, a-t-il dit, je
revenais de la forêt, lorsque tout à coup j'entendis une
détonation semblable à celle de plusieurs pièces de
canon. Je fus surpris et je regardai de tous côtés. Ce
ne pouvait être le tonnerre, car un instant auparavant
le ciel était très-pur. Presque au même moment, j'entendis un ronflement dans l'air ; je regardai au-dessus
de moi ; je vis un nuage et quelque chose de noir qui
se précipitait sur ma tête. Je m'affaissai et *recommandai
mon âme à Dieu,* en pensant devoir être écrasé sous
l'objet qui descendait du ciel ; mais à l'instant cet objet
tomba près de moi et fit jaillir un tourbillon de poussière. Je courus en cet endroit, *tout surpris de ne pas
être mort !* Je vis alors une pierre ; en voulant l'extraire
du trou qu'elle avait produit, je fus obligé de retirer

immédiatement la main, car je ressentis une chaleur excessive. J'attendis quelque temps, puis j'allai chercher d'autres personnes avec des pioches, et dans la soirée nous retirâmes la pierre, qui avait perdu presque toute sa chaleur. Nous en brisâmes des fragments pour les conserver précieusement, afin de nous garantir des Chitanas, puis nous la portâmes au caïd. »

Les marabouts de la tribu des Ouled-Sidi-Salem, à laquelle appartient cet indigène, demandèrent tous avec empressement des fragments de cette pierre, qui ne tarda pas à diminuer singulièrement de volume; car elle pesait à l'origine environ 25 kilogrammes, tandis que, transmise plus tard à Alger, elle ne pesait plus que 6^{ks}, 800.

Comment se fait-il que l'aérolithe d'Aumale ait si vite été réduit de quatre fois son volume primitif, qu'il ait été pour ainsi dire dépecé par le marteau des Marabouts? Il faut savoir, pour le comprendre, que, chez tous les Orientaux, les pierres tombées du ciel sont l'objet d'une foule de superstitions. On croit qu'elles sont habitées par des esprits puissants : aussi les conserve-t-on avec soin dans les temples ; on attache à leur possession la fortune du pays.

On montre avec la plus grande vénération, à la Mecque, la *Pierre noire*, aérolithe d'une authenticité parfaite.

Dans la Grèce ancienne et dans l'Asie Mineure, quelques aérolithes étaient des symboles et, pour ainsi dire, des échantillons de la *Mère des dieux,* offerts par Jupiter à l'adoration des hommes.

Les Arabes fabriquent avec le fer tiré de pierres

météoriques, c'est-à-dire avec le fer *natif,* des lames de sabre qu'ils croient douées de vertus merveilleuses; seulement il faut toujours ajouter un peu de fer terrestre à ce minerai du ciel pour le rendre malléable. Une croyance assez accréditée en Orient veut que les lames de sabre de Damas contiennent aussi du fer météorique.

Les Arabes qui habitent l'Algérie croient que les aérolithes sont des pierres lancées par des mains divines contre des tribus insubordonnées; aussi les marabouts les portent-ils comme de précieuses amulettes qui ont le privilége d'écarter les influences des divinités infernales.

C'est précisément cette dernière et malencontreuse superstition qui causa les atteintes portées à l'aérolithe du 25 août. Cependant M. Grenade et d'autres personnes qui le virent entre les mains du caïd, avant qu'on l'eût brisé, en ont donné une description qui permet d'en fixer la forme primitive. C'était un parallélépipède à base carrée, renflé en son milieu, ou mieux une double pyramide à base carrée, à angles terminaux très-aigus, et tronquée de manière à présenter à ses extrémités deux bases quadrangulaires. Sa hauteur était d'environ 35 centimètres; sa section, prise vers le milieu, était de 16 centimètres sur 22; les faces terminales avaient à peu près 11 centimètres de côté. Le poids de la masse était d'environ 25 kilogrammes.

En tombant sur le sol, l'aérolithe s'est enfoncé à la profondeur de 50 centimètres, dans un calcaire très-dur, ce qui montre toute la force qu'il possédait au moment de sa chute. En comparant la section du trou à la forme de l'aérolithe, on a constaté que celui-ci était arrivé la pointe en avant, comme une balle conique lancée par une carabine.

La seconde chute, simultanée avec la première, a eu lieu dans la tribu des Sandhadja, fraction des Beni-Ouelben, à 4800 mètres au nord du premier point. Voici les renseignements qu'a recueillis sur ce phénomène M. de Ferrou, adjoint au bureau arabe d'Aumale.

Un indigène entendit tout d'un coup un bruit semblable à un coup de tonnerre, suivi de nombreuses petites explosions, à peu près comme si *trois canons tiraient ensemble,* en faisant éclater des boulets dans tous les sens. L'air était parfaitement calme : nul indice extérieur d'orage. Fort surpris, l'Arabe leva la tête, et vit un nuage de poussière sortir du sol à peu de distance de lui. Accourant aussitôt vers l'endroit où le phénomène s'était produit, il y trouva une excavation vide de 30 centimètres de profondeur et d'un diamètre de 40 centimètres à la surface. Un petit buisson placé au-dessous de ce point avait eu ses branches coupées. En cherchant le projectile qui avait causé ces dégâts, on trouva un fort aérolithe sur un chemin qui descend un peu plus bas, le long de la montagne.

Ce second échantillon a dû être, d'après les informations prises sur les lieux, à peu près de même dimension et de même forme que le premier.

Il n'y a pas de marabouts chez les indigènes de la tribu des Sandhaja comme chez leurs voisins : les Arabes ont donc conservé cette pierre intacte. Ils l'ont fait remettre à M. le colonel Renson, qui en a transmis à Alger un fragment, pesant $3^{kg},300$.

Cet échantillon a été déposé au Muséum d'Histoire naturelle à Paris, qui a reçu également, par l'intermédiaire de M. Nille, ingénieur en chef des mines à Alger, plusieurs fragments de la première météorite, dont les deux plus volumineux pèsent respectivement $6^{kg},800$ et $1^{kg},620$.

Ce sont des masses pierreuses d'un gris cendré, à grains fins, et rayant le verre avec facilité. On y discerne un grand nombre de petits grains à éclat métallique, de couleur jaune bronze, jaune de laiton ou gris d'acier. Ces derniers sont du fer allié de nickel; les autres paraissent être du protosulfure de fer et de la pyrite proprement dite. Des grains noirs, sans action sur le barreau aimanté, qui se rencontrent également en grand nombre dans la pâte lithoïde, paraissent être constitués par du fer chromé. La partie pierreuse est généralement à grains très-fins; elle présente çà et là quelques globules sphériques, à texture compacte, d'un gris verdâtre, dont le diamètre varie de 1 à 5 millimètres.

Ce sont les *météorites filles,* englobées dans la *météorite mère,* comme dirait M. Reichenbach, qui prétend que les aérolithes sont formés de plusieurs générations de météores cosmiques, enveloppées les unes dans les autres.

Nous dirons à cette occasion qu'un magnifique aérolithe, qui ne pèse pas moins de plusieurs milliers de kilogrammes, vient d'arriver au British Museum de

Londres, où il a été envoyé par les autorités de Melbourne (Australie). Cette masse est composée de fer météorique. En ce moment, de grandes institutions scientifiques richement dotées se fondent dans les colonies anglaises de l'Australie. Les sciences, les arts et l'industrie prennent, grâce à leur concours, un essor remarquable dans ces contrées placées si loin du centre de la civilisation.

Cette masse de fer météorique tombée en Australie n'est pas la plus grande que l'on connaisse. La plus grosse se voit en Chine, à la source du fleuve Jaune : elle a 15 mètres de hauteur. Les Mongols, qui l'appellent le *Rocher du Nord*, racontent qu'elle tomba à la suite d'un grand feu du ciel. Il existe dans le Tucuman, non loin de Buenos-Ayres, une autre masse de fer du poids de 15000 kilogrammes; on en signale aussi une autre, de 9000 kilogrammes, à Bahia (Brésil).

OBSERVATIONS D'AÉROLITHES ET DE BOLIDES PENDANT L'ANNÉE 1867.

§ 1.

La première observation de bolides et d'aérolithes en 1867 est celle du 10 février, à Marseille, à $8^h 30^m$ du soir. Un magnifique bolide partit au-dessous de l'étoile δ des Gémeaux, se dirigea vers la constellation du Petit Chien, passa entre α et β, et alla s'éteindre entre α et δ du Grand Chien, après s'être divisé en sept parties et avoir duré trois secondes. Il était d'un blanc légèrement bleuâtre et son éclat surpassait celui de Sirius. Chacune des sept parties avait l'éclat d'une étoile de deuxième grandeur. Il n'a laissé aucun fragment solide.

§ 2.

Le second bolide a été observé à Saint-Brieuc, le 22 février, à 11 heures précises du soir. Il a produit la sensation lumineuse d'un éclair, malgré la lumière de la Lune, à peu près dans son plein, presque dégagée de nuages, et élevée à 15 degrés au-dessus de l'horizon. Environ trente ou quarante secondes après cette apparition presque instantanée, on a entendu une explosion sourde, mais très-distincte, venant de la direction où a pu tomber ce bolide, c'est-à-dire de la commune de Plérin et à 6 kilomètres de Saint-Brieuc. On n'a trouvé non plus aucun aérolithe.

§ 3.

Un météore de première grandeur fut observé à Athènes, le 16 mai, à $11^h 46^m$ ud soir, à 20 degrés nord-ouest du zénith, et se rapportant au point de radiation situé entre le Scorpion et le Sagittaire. Sa couleur était d'un vert éclatant et sa traînée d'un beau rouge. Une explosion subite a mis fin à son trajet, qui n'a duré qu'une seconde. Une détonation semblable à celle d'un canon de gros calibre a été entendue à une distance d'environ 1 demi-mille, cinq minutes trois secondes après son extinction. On pourrait en conclure que la détonation a eu lieu à environ 14 milles géographiques d'Athènes, et à une hauteur de 13 milles à peu près au-dessus de Platée ou de Thèbes. M. J. Schmidt a observé un météore semblable, bien que moins intense, le 16 mai 1862, à 8^h24^m. Le Catalogue comparé de ce savant constate, pour le 17 mai, onze grands météores, dont quatre terminés par des chutes de pierres météoriques, et pour le 26 mai, date de la chute du fer météorique d'Agram (1751), sept météores, dont deux accompagnés de chutes de pierres, et un de chute de fer météorique. Un énorme bolide a été observé, le 27 mai 1867, entre 2^h30^m et 3 heures du matin, passant au-dessus de l'Attique et se brisant avec une forte détonation. On n'a point trouvé de substances solides provenant de ce météore.

§ 4.

Chute d'aérolithes à Tadjera (Algérie).

Le dimanche 9 juin 1867, vers 10^h30^m du soir, une lueur fort vive éclaira le ciel, pendant quelques secondes, jusqu'à 40 lieues autour de Sétif. Elle était accompagnée de bruits comparables au grondement du tonnerre, ou à celui de voitures pesamment chargées et roulant sur le pavé; ces bruits se terminèrent par trois détonations aussi fortes que des coups de canon.

Le phénomène fut vu et entendu des points les plus opposés. Voici les divers renseignements qui ont été recueillis :

1° Sétif, à 15 kilomètres nord-ouest du point de chute. — Beaucoup de personnes ont vu cette lumière éclatante et ont entendu le bruit qui l'accompagnait, ainsi que les détonations. Quelques habitants crurent que l'explosion devait avoir eu lieu au-dessus de la ville, et furent le lendemain visiter les environs de la maison occupée par les Ponts et Chaussées, espérant y trouver des aérolithes. Les recherches n'eurent aucun résultat.

2° Ouled-Salah (annexe de Takitount), à 60 kilomètres du point de chute. — Les indigènes entendirent les détonations, crurent que des coups de canon étaient tirés du côté de Sétif, et demandèrent le lendemain, 10 juin, au chef de l'annexe s'il savait pourquoi des coups de canon avaient été tirés. Plus tard, ces indigènes lui dirent avoir appris que trois boules d'or étaient tombées du ciel, et qu'on les avait remises au commandant.

3° Eulma, à 20 kilomètres ouest du point de chute. — Des indigènes en grand nombre virent la lumière, comparable, dirent-ils, à celle du jour, entendirent le bruit, puis les détonations, après lesquelles le globe de feu se divisa en douze ou treize parties. Le phénomène leur parut durer une minute environ; quant aux détonations, elles leur semblèrent tellement fortes, qu'ils étaient surpris que l'officier, à qui ils en parlèrent le lendemain, n'eût pas été éveillé par elles.

4° Bou-Saâda, à 160 kilomètres nord-est du point de chute. — Des observations plus précises ont été faites par M. Corréard, du 3ᵉ tirailleurs.

Le bolide fit son apparition dans le ciel, à environ 60 degrés au-dessus de l'horizon, parcourut 20 à 25 degrés célestes pendant cinq à huit secondes, en suivant une direction sud-ouest à nord-est, et cessa d'être apparent à 40 degrés au-dessus de l'horizon. Le météore avait en son point le plus lumineux environ trois fois le volume apparent de Vénus ; il était accompagné d'une traînée lumineuse apparente de 5 à 10 degrés, dont le diamètre variait entre deux fois et deux fois et demie le diamètre de Vénus. La lumière qu'il projetait était blanche, irradiée au noyau, légèrement jaune en s'éloignant du centre ; elle était assez intense pour éclairer et rendre distincts, à quelques mètres de distance, des objets de la grosseur du poing. La traînée blanche diminuait d'intensité du noyau à la queue ; du centre de la traînée à ses extrémités latérales, des étincelles blanches, bleuissant en s'éloignant du foyer de la traînée, s'échappaient en forme de larmes.

Le météore éclata avant de disparaître, et l'on entendit des détonations faibles et courtes. Quelques personnes pensaient pouvoir affirmer que, à cet instant, le bolide avait dû tomber à peu de distance de S'Mila, entre 70 et 80 kilomètres ; il tombait à 160 kilomètres, ce qui expliquerait pourquoi les détonations ont paru faibles.

5° Tadjera, près Guidjell (point de chute). — Les indigènes, vers 10 heures du soir, aperçurent, vers le sud-ouest, une lumière partageant le ciel et assez éclatante pour que tous les objets fussent éclairés comme en plein jour; en même temps, des détonations se firent entendre, semblables à des roulements de tonnerre ou à des coups de canon extrêmement rapprochés. Un corps lumineux semblait tomber du ciel vers le sol; mais, arrivé à une certaine hauteur, il se brisa en fragments étincelants; c'est là qu'eurent lieu les détonations.

Le phénomène semble aux Arabes avoir duré deux minutes. Tous se sont crus menacés par la chute du bolide. Aux environs de Guidjell, les indigènes qui n'avaient fait qu'entendre ces détonations crurent que le bordj du caïd s'était écroulé. Ils montèrent à cheval pour porter secours au besoin, et, le trouvant debout et intact, pensèrent à une catastrophe arrivée à Sétif.

Bien que les pierres apportées à Sétif n'aient pas été ramassées au moment même où elles sont tombées, il est impossible de les confondre avec celles, bien rares du reste, que l'on aperçoit dans la plaine de Tadjera. Ce sont bien des aérolithes tombés le 7 juin 1867, après l'explosion accompagnée de trois détonations entendues à 20 lieues à la ronde.

Ces renseignements, adressés à l'Académie des Sciences par le colonel Augeraud, ont été complétés par une enquête due à M. Daubrée, et dont les principaux détails ont été fournis par M. Panisse, avocat à Sétif, à qui les indigènes apportèrent successivement à peu près tous les fragments des deux pierres recueillis.

Un de ces Arabes fit à M. Panisse le récit suivant : « Hier au soir, vers 10 heures, nos tentes ont été subitement éclairées par une longue traînée de feu descendant du ciel. Une forte détonation s'est fait entendre. Nous avons vu cette traînée de feu sillonner le sol à plus de 1 kilomètre. Cette formidable détonation a effrayé tous nos troupeaux, qui ont pris la fuite dans toutes les directions. Ce matin, nous avons suivi le sillon, et, à l'extrémité, à plus de 30 centimètres de profondeur, nous avons trouvé une pierre dont je t'apporte tout ce que j'ai pu voir. »

M. Panisse ne conserva pas pour lui les échantillons qu'il possédait; il les remit à M. le colonel Augeraud, pour être transmis au maréchal gouverneur général de l'Algérie.

D'après le récit des indigènes, la trajectoire aurait été fort peu inclinée à l'horizon, et le bolide n'aurait fait explosion qu'à peu de distance de la surface du sol; il aurait creusé sur la terre un sillon de 1 kilomètre de longueur.

La production d'un pareil sillon n'est pas mentionnée dans les récits de chutes analogues.

M. Panisse a été lui-même examiner ce sillon, et les parois lui ont semblé « presque entièrement calcinées ». Il aurait été bien intéressant d'examiner le sol le long de ces parois et d'en recueillir des échantillons.

La lumière du bolide a été vue à Constantine, qui est située à plus de 120 kilomètres du point de chute, ainsi que l'a constaté M. le Dr Louis Coste, professeur d'histoire naturelle au lycée franco-arabe de Constantine, avant d'avoir connaissance de l'arrivée simultanée de pierres.

Quant à la détonation, elle a été entendue à 35 kilomètres à la ronde. « Les habitants des Eulmas, au nord-est, et ceux d'Aïn-Taguerouth, au sud-ouest, dit en effet M. Panisse, les uns et les autres à une distance d'au moins 35 kilomètres de l'endroit où les aérolithes ont été trouvés, m'ont dit l'avoir entendue. »

Suivant le récit de M. Musculus, pharmacien militaire, on aurait distingué deux détonations. On a vu, dans le Rapport de M. le colonel Augeraud, que des témoins assurent en avoir entendu trois.

C'est, comme on l'a vu, le lendemain du jour de la chute que l'on recueillit les deux météorites.

D'après M. Mœvus, ingénieur en chef des mines à Constantine, l'une des masses pesait 5^{kg},760 et l'autre 1^{kg},700.

§ 5.

Un énorme bolide a été vu, le 11 juin, à 8^h 10^m du soir, dans toutes les régions de la France. A Paris et dans les environs, à Soissons, à Chaltrait (Marne), à Bar-sur-Seine, à Saint-Dié (Vosges), à Annecy (Savoie), à Mulhouse, et même à Bâle et à Baden-Baden, on a remarqué et plus ou moins minutieusement observé le phénomène.

« A Paris, où je l'ai observé, il se dirigeait du sud-ouest au nord-est, offrant un éclat extraordinaire. Jamais une étoile filante n'a été vue marchant avec une telle lenteur. On l'a comparé à une chandelle romaine. Il scintillait par éclats successifs blanc vif et vert jaune. Il a dû passer fort près de la Terre. » (*Siècle* du 14 juin 1867.)

M. Bonnafont, à Antony, près de Paris, rapporte qu'il était assis dans son jardin lorsque son attention fut attirée vers le nord par un splendide météore. Sa forme lui parut ressembler à celle d'une énorme fusée à la congrève ; en avant était un point rouge incandescent ; immédiatement après, le corps présentait une couleur d'un blanc jaunâtre très-brillant, qui le coiffait dans ses deux tiers au moins ; de là s'échappait une chevelure incandescente dont les reflets allaient en s'amoindrissant, mais formaient une traînée considérable dans l'atmosphère.

« A Chaltrait, arrondissement d'Épernay (Marne), écrit M. de Saint-Chamans, vers 8 heures du soir, un météore lumineux parut au nord-ouest, se dirigeant au sud-est, et laissant échapper des étincelles, au moins en apparence, comme le fait une fusée d'artifice. Il disparut sans que nous entendissions de détonation. Entre le point d'apparition et le point de disparition, l'angle était bien de 30 à 40 degrés. Le bolide laissa derrière lui dans l'atmosphère la trace de son passage : une ligne droite, mince, parfaitement nette, blanche, et qui tranchait complétement sur le bleu du ciel. Elle persista ainsi pendant plus de vingt minutes, puis elle se roula sur elle-même en plusieurs flocons de vapeurs. Pendant plus d'une heure encore, ces flocons de vapeurs restèrent visibles, se détachant sur le fond bleu du ciel. »

A Auberive (Haute-Marne), plusieurs personnes signalèrent avoir vu, dans la direction nord-nord-est, à environ 38 degrés au-dessus de l'horizon, un météore semblable à une étoile filante, mais dont la course était beaucoup moins rapide ; car il mit près de deux secondes pour parcourir environ l'espace d'un degré. La direction de ce phénomène, un peu inclinée vers la Terre, était de l'ouest à l'est ; il ressemblait beaucoup à une longue flèche de feu ; il parut finir par une sorte d'explosion, comme certaines fusées volantes. Ce météore laissa après lui une longue trace nuageuse, transparente, qu'un vent à peine sensible, venant de l'est, étendit insensiblement en ligne brisée. A 10 heures, cette ligne nuageuse tranchait encore sensiblement sur un ciel extrêmement pur et serein.

A Annecy (Savoie), M. Rey de Morande écrit aussi : « A 8ʰ 15ᵐ du soir, le ciel était, à Annecy, d'une remarquable sérénité. On a vu alors, au nord-nord-est d'Annecy, et à une hauteur d'environ 45 degrés au-dessus de l'horizon, une traînée lumineuse allant de l'ouest à l'est. Cette traînée lumineuse, après avoir perdu, en un court instant, la plus grande partie de son éclat, est restée visible pendant plus d'une demi-heure. Les renseignements qui m'ont été donnés ne font pas supposer qu'il y ait eu chute d'un bolide. On peut conjecturer qu'une étoile filante de notable grosseur aurait traversé, sans s'y arrêter complétement, les régions élevées de notre atmosphère. »

La remarque la plus curieuse à ajouter aux observations de ce bolide, c'est qu'elles s'accordent toutes pour montrer qu'il a laissé derrière lui une traînée phosphorescente matérielle et persistante.

§ 6.

Étoile filante vue au télescope.

Le 26 juin 1867, vers 3 heures du soir, M. Weber observant la surface du Soleil, une brillante étoile filante, qui pouvait être de sixième grandeur, est entrée dans le champ de la lunette, au sud-ouest du Soleil, à 3 ou 4 minutes du bord. On n'aurait pu la voir à travers le verre coloré dans un aussi petit espace, si elle ne s'était pas fait remarquer par sa couleur rouge de feu, qui lui donnait l'aspect d'une étincelle brillante. Cette couleur et cette densité ont persisté pendant toute la durée de son passage, qui a été d'environ 1°,5, et elle a parcouru en ligne droite une corde de près de 7 minutes avec un mouvement tremblotant. Quoiqu'elle présentât de faibles irradiations, on n'y a cependant point remarqué de queue. Elle a dû avoir un mouvement très-lent, puisque l'œil a pu très-bien la suivre avec un grossissement de cent fois. D'après la direction que l'étoile filante a prise dans la lunette, sa route n'était pas éloignée de η et de μ des Gémeaux.

« C'est le troisième météore, dit l'auteur, que j'aie observé par ce moyen dans le cours de six années. Il est maintenant étonnant que, parmi un nombre si prodigieux d'observations, des apparitions de cette sorte se présentent si rarement. »

§ 7.

A Amboise, dans la nuit du samedi au dimanche 11 août, à 1 heure du matin, M. Ducel, maître de forges à Pocé, était à la gare du chemin de fer, quand toute la campagne a été subitement éclairée, et vers le zénith est apparue une gerbe de feu composée de plus de mille étoiles filantes, qui d'Amboise se sont toutes dirigées sur Tours en suivant la direction de la voie ferrée. Ce phénomène a duré environ trente secondes, et la campagne est restée encore éclairée quelque temps après sa disparition.

Dans la soirée du 10 août, quatre heures avant cette apparition, M. Négrier, garde principal du Génie, qui habite un châlet dans le bois de Vincennes, avait vu un globe lumineux traverser l'espace.

Il était 9 heures précises : le globe était de couleur rouge comme du fer rouge, bien plus rouge que du charbon en pleine ignition. Le globe lumineux a paru marcher horizontalement dans un espace angulaire de 72 degrés, et cet espace angulaire a été parcouru en une seconde de temps tout au plus.

§ 8.

Le 21 août, à 8^{h}30^m du soir, les habitants de Moncalieri (Piémont) ont eu le spectacle peu commun d'un bolide parcourant sous les nuages, à une petite distance du sol, un espace très-considérable. Voici dans quelles circonstances s'est produit ce phénomène.

La moitié du ciel était presque complétement couverte par des nuages obscurs, surtout au sud-est. Tout à coup un magnifique météore lumineux se détacha du nord-ouest, au-dessous de la Grande Ourse, et, se dirigeant vers le sud-est, s'abaissa sous les nuages. Il décrivit ainsi, entre ces nuages et le sol, une trajectoire rectiligne de 5o degrés environ. Cet astre était de première grandeur, et son diamètre apparent semblable à celui de Jupiter ; sa couleur était d'un rouge très-vif. La hauteur des nuages ne dépassait pas 3oo mètres au-dessus du sol.

Tels sont les documents qui nous sont parvenus pour l'année 1867. Ils sont peu nombreux, mais ne laissent pas, comme on vient de le voir, d'offrir une variété d'observations fort intéressantes pour l'Astronomie physique.

LES MÉTÉORITES DE L'ANNÉE 1868.

L'année 1868 restera fameuse par le nombre de météorites qu'elle a vues tomber. Nous n'avons en effet pas moins de sept chutes à enregistrer, dont deux ont eu lieu sur le territoire même de la France. Par ordre de dates, ces chutes se sont produites :

1° A Pultusk, près de Varsovie (Pologne), le 30 janvier ;

2° A Motta dei Conti, près de Casale (Italie), le 29 février ;

3° A Slavetiz (Croatie), le 22 mai ;

4° A Pnomphen, capitale du Cambodje, dans les derniers jours de juin ;

5° A Namur (Belgique), dans la nuit du 5 au 6 juillet ;

6° A Ornans (Doubs), le 11 juillet ;

7° A Sanguis-Saint-Étienne, près de Mauléon (Basses-Pyrénées) le 8 septembre.

Et à ces chutes s'ajoutent un très-grand nombre d'observations de bolides.

§ 1.

Dès le premier jour de l'année, un magnifique bolide a frappé l'attention au nord-ouest de la France. Voici les observations principales qui ont été faites sur ce phénomène.

Le Havre, 1ᵉʳ janvier 1868, 7ʰ 30ᵐ du matin. — Le

temps était très-clair au Havre, le vent d'est à petite brise : un météore est apparu dans l'est des signaux télégraphiques de la jetée nord-ouest; il marchait vers l'ouest; sa forme était celle d'un serpent faisant des zigzags et laissant à sa suite une traînée lumineuse. Une détonation, semblable à un grand nombre de coups de fusil, s'est fait entendre pendant environ 30 secondes; puis tout a disparu, sauf cependant la traînée lumineuse qui a duré quelques instants.

Rouen. — Le même phénomène a été observé à Rouen à la même heure; le météore a été aperçu au nord-nord-est, et s'est avancé vers le sud en faisant avec l'horizon un angle évalué *de visu* à 40 degrés; sa vitesse était très-grande; arrivé au zénith, il a disparu dans un petit nuage blanc qui s'est dissipé après quelques secondes (M. l'ingénieur Tarbé).

M. de Lépine écrit de la même ville : « Ce matin, à 7^{h}30^m environ, un corps lumineux sphérique a parcouru le ciel dans une grande étendue et dans la direction de Quevilly. Cet aérolithe a laissé dans le ciel une traînée lumineuse, qui persista pendant quelques secondes, et à laquelle succéda un nuage blanc, immobile, ayant la configuration exacte d'un manche de fourche.

» Ce corps avait la couleur rouge cramoisi des flammes de Bengale, et sa grosseur était celle des étoiles de premier ordre. La vitesse de sa chute était considérable, ce qui fit supposer qu'il n'était pas très-éloigné de Rouen. L'obliquité de son trajet formait, avec la surface de la Seine (sur laquelle j'étais) un angle de 40 à 45 degrés *de visu.*

» Il se dirigeait des régions qui sont au-dessus de la vallée de Maromme, vers Quevilly.

» Le nuage se dispersa, mais seulement au bout de 20 à 25 minutes. Il faisait très-froid, l'air était sec et la voûte céleste redevint immaculée. Je n'ai pu apprécier s'il y avait eu détonation. »

Pont-Audemer. — « Ce matin, 1ᵉʳ janvier, à 7ʰ30ᵐ, nous avons été témoin de la chute d'un météore, qui nous a paru partir de l'amont et se diriger vers la mer, en laissant dans l'atmosphère une éblouissante traînée de feu. Du foyer lumineux partaient des myriades d'étincelles, qui, dans le crépuscule du matin, ressemblaient à des étoiles.

» Cette apparition a été bientôt suivie d'une effroyable détonation, semblable à celle d'un canon de gros calibre. Immédiatement après, une seconde détonation s'est fait entendre, si violente, qu'elle a fait sauter la vaisselle dans les maisons, et que ses vibrations ont duré fort longtemps. Beaucoup de paysans, qui s'étaient mis en route dès l'aurore pour leurs visites du jour de l'an, ont été sérieusement effrayés de cette double détonation. » (*Journal du Hâvre*, M. J. Delahaye.)

Amiens (Note communiquée par M. L. Comte). — Le 1ᵉʳ janvier, à 7ʰ30ᵐ du matin, je me dirigeais sur la route de Doullens, lorsqu'une vive clarté me fit lever les yeux vers le ciel. J'aperçus un globe de feu très-lumineux qui semblait venir du côté de Doullens, c'est-à-dire du nord, et qui parcourait l'horizon assez lentement pour me permettre de suivre des yeux sa course pendant une dizaine de secondes environ. Ce globe avait une forme que je ne puis mieux vous indiquer qu'en le comparant à une très-forte bouteille qui aurait été très-renflée d'en bas, et il en avait au moins, en effet, les dimensions appréciables à ma vue. Ce globe ne suivait pas une marche régulière, mais il allait par soubresauts et en zigzags. Il se dirigea au-dessus de la ville, c'est-à-dire du nord au sud, et disparut tout à coup, laissant comme une traînée lumineuse après lui.

Ce météore venant du nord-ouest a été aperçu en Angleterre, de Portsmouth et de l'île de Wight, vers 7^h30^m du matin, avant de traverser la Manche. A l'île de Wight (Freshwater), il avait un diamètre apparent égal à celui de la Lune dans son plein. Dans ces quatre stations, les observateurs ont aperçu une traînée lumineuse provenant de débris enflammés qu'il laissait après lui dans l'atmosphère. La longueur de cette traînée, qui a persisté à l'île de Wight jusqu'au lever du Soleil, était de 60 degrés. Sa hauteur apparente au-dessus de l'horizon de cette station était de 30 degrés.

La neige n'a pas tardé à recouvrir les campagnes : c'est sans doute ce qui a empêché de découvrir des aérolithes provenant de ce corps céleste, qui marchait dans le sens du mouvement de la Terre autour du Soleil, traversant obliquement l'orbite. Sa marche, quoique infiniment plus rapide que celle de nos projectiles, puisqu'il n'a pas mis un intervalle de temps appréciable pour les observations grossières à traverser la Manche, était encore assez lente, car il est resté visible une trentaine de secondes à l'horizon de Portsmouth. Il a été aussi aperçu près de Londres.

§ 2.

**Bolide. — Morières, le 18 janvier 1868. — Note de
M. l'ingénieur E. Foëx.**

J'ai pu observer hier, 17 janvier, à 5ʰ30ᵐ, heure de
Paris, la chute d'un bolide de forte dimension, qui a
dû toucher le sol dans les environs de Barbantane ou
de Tarascon.

Je me trouvais à 5oo mètres au sud de Morières; le
bolide m'a paru tomber verticalement à très-peu de
chose près. Le plan dans lequel il se mouvait se dirigeait du point où j'étais vers le sud-ouest assez exactement. J'estime que ce bolide était à 6o degrés au-
dessus de l'horizon lorsque je l'ai remarqué; je l'ai
suivi jusqu'au moment où il a passé derrière un nuage
épais qui me l'a caché. Un monticule m'a empêché
de le voir au-dessous de ce nuage.

Ce bolide m'a paru divisé en deux morceaux : il projetait des étincelles; chaque partie du bolide paraissait
trois fois plus volumineuse que Vénus.

§ 3.

Chute d'aérolithes à Pultusk (Pologne).

Le 3o janvier, à 7 heures du soir, un brillant globe
de feu apparut à l'horizon de Varsovie et fut observé à
la fois dans toute la Pologne, à Dantzig, à Posen, à
Vienne, à Kowno, à Grodno et même à Dorpat.

Au début, la lumière de ce bolide ressemblait à celle que répandent les étoiles filantes, mais, à mesure que le diamètre du globe grandissait, par suite de son rapprochement, la lumière changeait de couleur ; elle devint d'abord verte, puis d'un rouge de sang foncé.

Un moment après l'apparition du phénomène, l'intensité de cette lumière surpassait l'éclat de la Lune, alors au premier quartier; elle devint peu après tellement vive, que les habitants de Varsovie sortaient de leurs maisons et stationnaient dans la rue pleins de frayeur, prenant cette lueur pour le reflet d'un immense incendie.

Durant son trajet le globe sembla s'abaisser et s'agrandir en répandant une lumière bleuâtre. Le phénomène parvenu au terme de sa course, la lumière devint si forte, que l'œil n'en pouvait supporter l'éclat.

Après la disparition du globe, on vit tomber à terre plusieurs étoiles, les unes rouges, les autres d'un bleu clair, qui s'éteignirent avant de parvenir à l'horizon. A l'endroit où le globe de feu s'éteignit, on vit apparaître un nuage blanchâtre en forme de zigzag, qui fut peu à peu chassé par le vent d'ouest qui soufflait alors.

Dans tout le pays situé entre Pultusk et le côté sud de la rivière Narew, on entendit, 20 secondes après l'extinction de la lumière, une forte explosion prolongée venant du nuage qui vient d'être cité, et durant cette explosion on distingua deux coups plus forts, tandis que l'explosion se terminait par une série de coups comparables à un feu de file bien nourri, ou au roulement prolongé du tambour. Ces bruits d'intensité différente durèrent une demi-minute environ.

Les habitants des villages de Rowy et de Rozdzialy, situés sur les bords de la rivière Narew, entendaient au même moment le sifflement des pierres traversant l'atmosphère, le clapotage de l'eau qui coulait sur la glace dans cet endroit, et le bruit des pierres frappant la glace de la rivière. Le sifflement aigu et le bruit distinct de corps durs d'un grand poids frappant le sol furent entendus aussi dans les villages de Nowy, de Sielec et de Gostkow. Dans ce dernier, une pierre tomba avec fracas et force sur le toit de la maison du fermier et d'autres sur les haies, les arbres, etc.

La chute de Pultusk comptera parmi celles qui ont donné le plus grand nombre de pierres. Il en est tombé au moins trois mille, c'est-à-dire autant que dans les chutes remarquables sous ce rapport de Kuyahinya (Hongrie) en 1866 (*voir* p. 223), et de Laigle (Orne) en 1803. La superficie couverte par les éclats de l'aérolithe n'a pas moins de 16 kilomètres carrés. Elle est elliptique et la direction de son grand axe est sensiblement nord-est ; les pierres se sont triées en tombant suivant leur ordre de grosseur ; les plus volumineuses sont allées le plus loin et occupaient la partie antérieure de l'ellipse.

Au dire des paysans, la distance relative moyenne des pierres tombées en quantité sur la surface glacée de la rivière Narew était de 20 à 30 mètres. Ils ajoutent qu'on voyait autour des pierres sur la glace une poudre noirâtre qui fut bientôt emportée par l'eau.

Voici maintenant les renseignements donnés sur cette chute par la Haute École de Varsovie.

Comme nous l'avons dit, le phénomène débuta par

l'apparition d'un globe de feu qui, vu de Varsovie, alors qu'il passait au méridien, offrait un diamètre apparent de 15 à 20 minutes ; ce globe laissa derrière lui une traînée blafarde, qui atteignit 9 degrés de longueur sur 2 degrés de largeur. La lumière du bolide surpassa l'éclat de la Lune et passa successivement du vert bleuâtre au rouge foncé.

Il y a lieu de remarquer la grande vitesse du météore : il n'aurait mis que 4 secondes à parcourir une trajectoire que l'on évalue à 195 kilomètres et aurait fait ainsi 50 kilomètres par seconde ; il se dirigeait du sud-ouest au nord-est.

Après deux explosions extrêmement intenses, qui se terminèrent par une série de coups comparables à un feu de file bien nourri ou au roulement prolongé du tambour, on entendit des sifflements, dus au rapide passage des pierres à travers l'air ; les pierres se distribuèrent sur une superficie de 16 kilomètres carrés, de forme elliptique, dont le grand axe était parallèle à la direction du bolide et ici, comme on l'a constaté pour la chute d'Orgueil (14 mai 1864), les plus grandes pierres étaient à l'avant de l'ellipse. D'après la Notice de la Haute École, on voit en effet que les pierres trouvées à Obryte, point extrême de l'ellipse vers le sud-ouest, pesaient 100 grammes en moyenne ; à Ciolkow, 200 grammes ; à Gostkow, de 400 à 800 grammes ; enfin à Sielec (point extrême vers le nord-est), de 1^{kg},2 à 1^{kg},6. Une pierre de 4 kilogrammes, l'une des plus grosses de la chute, atteignit le village de Rzewnie, situé à 3 kilomètres de Sielec, dans la direction nord-est.

Le nombre des météorites recueillies dépasse 3000; par conséquent, la chute de Pultusk rivalise avec celle de Laigle (26 avril 1803), si même elle ne la dépasse pas très-notablement, par le grand nombre de pierres qu'elle a fournies.

Un caractère remarquable de ces pierres et peut-être corrélatif de leur grand nombre est leur petitesse. La plus volumineuse que l'on cite pèse 7 kilogrammes; trois ou quatre autres pèsent 4 kilogrammes et la plupart des autres sont beaucoup au-dessous de ce poids. Les 942 météorites que l'on a envoyées au Muséum ne pesaient ensemble que 64 kilogrammes.

Comme d'ordinaire, ces diverses pierres, toutes complétement enveloppées de la croûte de fusion, ont la forme de fragments tels qu'on en produirait en concassant des masses de nature analogue, et dont les angles seraient émoussés. Dans ce nombre, exceptionnellement considérable, on n'en trouve pas qui soient arrondies, comme il arriverait si l'état de fusion par lequel, d'après leur nature minéralogique, elles ont nécessairement passé à une certaine époque, n'était antérieur à la formation des fragments.

Un certain nombre présentent des sillons brusques et allongés que l'on peut qualifier du nom *d'encoches* et qui ressemblent à l'entaille produite par un coup de hache sur du bois. Une météorite de la collection du Muséum, tombée le 5 septembre 1814 à Agen, présente une encoche exactement semblable. Lors de la chute qui a eu lieu le 30 mai 1866, à Saint-Mesmin (Aube), M. Daubrée a appelé l'attention sur un accident que présente la croûte de l'une des météorites et que l'on n'a observé que très-rarement. Cette croûte, au lieu de s'étendre d'une manière continue et de couvrir la totalité de la surface, a été enlevée sur certains points comme par un choc, et remplacée par une surface rugueuse ; puis elle s'est reformée sur ces parties, mais elle n'a pu se produire que d'une manière incomplète, c'est-à-dire discontinue, sans doute à cause du peu de temps que l'incandescence a duré à partir de la fracture.

Cette grêle d'un nouveau genre a permis de constater une fois de plus le peu de vitesse des météorites, au moins *à leur arrivée sur le terrain*, et qui contraste si nettement avec la rapidité extrême du bolide. Aucune d'elles en effet n'était engagée dans le sol congelé, et n'avait même pu briser la glace très-peu épaisse des fossés et des bords de la rivière.

Les météréorites de Pultusk rentrent dans le type le plus commun qui a été trop souvent décrit pour qu'il y ait lieu d'y revenir ici. Disons seulement que, d'après les mesures de la Haute École, la densité varie de 3,722 à 3,691.

M. Daubrée a présenté plusieurs de ces fragments à l'Académie des Sciences dans la séance du 15 février 1869. Il appela principalement l'attention sur ce fait que chacun de ces petits échantillons n'est pas, comme on pourrait le croire, un fragment produit par le choc sur le sol ; il est entièrement enveloppé d'une croûte frittée, et, par conséquent, constitue une météorite *complète*. On ne doit donc pas les assimiler aux matières météoriques plus ténues, qu'on a recueillies à diverses occasions sous forme de poussière, et dont le mode de pulvérisation s'est produit dans des conditions spéciales ; pour ces très-petites météorites, elles ont été visiblement concassées avant de subir la fusion superficielle.

Parmi les faits dignes d'intérêt auxquels conduisent ces météorites du dernier ordre de grosseur. c'est-à-dire inférieurs à 1 gramme, il en est quatre qui peuvent être signalés ici : d'abord la circonstance que la résistance de l'air n'en a pas opéré le départ jusqu'à une grande distance des météorites plus grosses ; en second lieu, qu'aussi bien que les plus grosses, elles ont la forme de *fragments*, à arêtes légèrement émoussées ; en outre, qu'à l'intérieur elles présentent la même nature minéralogique et la même structure que les plus grosses ; enfin que la croûte y offre les mêmes caractères et la même épaisseur que sur celles-ci. Cette dernière circonstance est instructive, au point de vue de la formation de la croûte, due bien évidemment, d'après ce dernier fait, comme d'après d'autres qui ont été signalés antérieurement, à une fusion instantanée.

§ 4.

Météorites tombées le 29 février 1868 dans le territoire de Villeneuve et de Motta dei Conti (Piémont). — Note du P. F. Denza.

Ce phénomène se manifesta dans l'arrondissement de Casale (Piémont), entre les deux villages de Villeneuve et de Motta dei Conti.

Le 29 février 1868, entre 10^h30^m et 10^h45^m du matin (temps moyen local), tandis que le ciel était chargé çà et là de nuages, on entendit, dans diverses localités de l'arrondissement de Casale, une forte détonation que l'on pourrait comparer à la décharge d'une pièce d'artillerie de gros calibre, ou encore à l'éclat d'une mine. Elle fut suivie, après un intervalle de deux secondes, d'une autre détonation résultant de deux détonations distinctes, qui se succédèrent, de telle sorte que la deuxième semblait être la continuation ou le prolongement de la première.

Cette deuxième détonation fut dans sa première période moins forte que la précédente; mais elle se renforça dans sa seconde période et devint plus intense que la première. La dernière détonation fut suivie d'un retentissement prolongé semblable à une décharge successive ou au bruit lointain de la mousqueterie, ou encore au pétillement du feu dans le bois sec. La durée de ce bruit n'alla pas au delà de deux secondes. Toutes ces détonations furent entendues jusqu'à Alexandrie, qui est à la distance d'environ 32 kilomètres de Villeneuve.

Le fracas durait encore lorsqu'on aperçut, à une hauteur considérable au-dessus du sol, une masse de forme irrégulière et enveloppée dans une atmosphère de fumée, ce qui la rendait semblable à un petit nuage; elle laissait derrière elle une longue traînée de fumée. D'autres virent distinctement, et même à une grande hauteur, non une, mais plusieurs taches semblables à de petits nuages, qui disparurent presque à l'instant. Ces météores se dirigeaient sensiblement du nord-ouest au sud-est.

Sur le champ, quelques laboureurs qui vaquaient à

leurs travaux virent plusieurs blocs tomber çà et là
précipitamment et entendirent le fracas que ceux-ci faisaient en frappant le sol. Tous les témoins que l'on a
pu interroger ont unanimement affirmé que le nombre
de ces blocs était considérable et qu'ils durent donner
lieu à une véritable pluie de météorites de toutes dimensions.

Des paysans occupés à tailler les arbres dans un
bois situé à 1200 mètres de Villeneuve, sur la grande
route qui va de Casale à Vercelli, virent tomber, après
ces détonations, comme une grêle de grains de sable ;
un de ces fragments, d'une grosseur assez notable, vint
frapper le chapeau de l'un d'entre eux.

Les circonstances décrites plus haut permettent de
conclure avec beaucoup de probabilité qu'il n'y eut
qu'une seule masse primitive, que celle-ci se divisa et
subdivisa en morceaux de plus en plus petits, au fur
et à mesure que les détonations successives se faisaient
entendre dans l'air. Malgré le grand nombre des endroits
où ces pierres météoriques tombèrent, et les recherches
minutieuses que l'on a faites, on n'a pu en découvrir
encore que fort peu. Cela provient probablement, ou
de ce que ces fragments étaient trop petits ou de ce
que, s'étant enfoncés dans le sol en tombant, la pluie
qui survint déjà avant midi et qui dura jusque dans la
nuit du 1er mars les emporta ou en effaça les traces.

Voici les échantillons que l'on a découverts :

1° Le premier tomba dans un champ de froment,
au sud-est de Villeneuve, à 600 mètres de ce village.
Il se dirigeait du nord au sud avec une inclinaison peu
considérable à l'horizon et il s'enfonça d'environ 0^m,40

dans une terre argileuse et peu consistante. Son poids est de 1920 grammes.

2° Le deuxième tomba également dans un champ ensemencé, au nord de Villeneuve, à la distance de 2350 mètres du premier. Il pénétra dans ce sol, qui n'est pas bien dur, à la profondeur de $0^m,37$. Sa direction était du nord-ouest au sud-est, avec une faible inclinaison sur l'horizon. Il pèse 6700 grammes.

3° Le troisième vint se briser en un nombre infini de petits morceaux, dont le plus gros pèse 11 grammes, sur le pavé, devant une auberge de Motta dei Conti, à 3150 mètres du premier et à 3240 mètres du second. La violence du choc fut telle que le caillou sur lequel cet aérolithe tomba s'enfonça davantage dans le sol de $\frac{1}{2}$ centimètre environ. La direction des fragments éparpillés de cette troisième météorite, après ce choc fut de l'ouest-nord-ouest à l'est-sud-est. Sa trajectoire dut être beaucoup plus voisine de l'horizontale que celle de la première; car, avant d'arriver à terre, elle franchit, sans la toucher, une maison dont le faîte est à la hauteur de 7 mètres.

On put déterminer approximativement la trajectoire de la seconde météorite, parce qu'on en connaissait trois points placés sur le même plan vertical, savoir : 1° la cime d'un arbre que cette météorite frisa; 2° le point de rupture de la branche d'un noyer que météorite brisa à son passage; 3° le point d'enfoncement dans le sol.

Autant qu'il est permis d'en juger par les fragments que l'on a examinés, toutes les météorites de chute ne sont pas identiques. Les météorites tombé à Motta dei Conti offrent un aspect différent de celui que présentent les météorites trouvées à Villeneuve. En effet, les premières sont plus riches en parties métalliques, ont une couleur plus claire, un grain et un tissu plus fins. Leur poids spécifique est plus considérable ; car la météorite de Motta dei Conti est de 3,76, tandis que celle de Villeneuve n'est que de 3,29.

Celles de Motta dei Conti contiennent : du soufre, de la silice, du phosphore, du cuivre, du fer métallique, du fer à l'état d'oxyde, du nickel, du manganèse, du chrome combiné avec le fer, de l'alumine, de la magnésie et de l'alcali.

Les météorites de Villeneuve contiennent : du chlore, du soufre, de la silice, du phosphore, du fer métallique, du fer à l'état d'oxyde, du nickel, du manganèse, du cuivre, du chrome, de la chaux, de la magnésie, de l'alumine, de la soude et de la potasse.

L'enduit vernissé qui enveloppe ces fragments et la direction ultième de leur chute a fait supposer qu'ils pouvaient constituer un petit système de plusieurs corpuscules gravitant dans l'espace et happés dans leur passage par l'attraction de la Terre (*).

§ 5.

Chute d'aérolithes en Croatie.

Le 22 mai, une troisième chute eut lieu à Slavetiz, en Croatie, entre Agram et Jaska. Il était 10ʰ 45ᵐ du matin,

(*) Voir *Sopra gli aeroliti caduti nel territorio di Villanova e Motta dei Conti.* (Estratto del *Bullettino del Moncalieri*.)

le ciel était clair, sauf quelques petits nuages venant du nord, dont l'un s'avança rapidement vers le sud, augmenta promptement de volume et prit la forme d'un aérostat, en même temps qu'éclata une détonation comparable à celle d'un canon, précédée de divers bruits sourds semblables au roulement d'un tonnerre lointain. On vit alors tomber, sur plusieurs points, des pierres dont une seule a pu être recueillie, toutes les autres étant tombées dans des champs de blé ou de trèfles. Cet échantillon unique, parvenu au Musée de Minéralogie de Vienne, pèse 124^{gr},66 et ne diffère en rien de ceux de la météorite de Pultusk. Sa densité est de 3,764.

Dans la séance de l'Académie des Sciences de Vienne du 3 décembre 1868, M. de Haridinger a donné des détails sur cette chute et sur l'échantillon faisant partie de la collection du Musée impérial. Les anneaux de nuage ou de poussière, observés vers la fin de cette chute et de plusieurs autres, semblent provenir des couches les plus profondes et les plus pesantes de l'atmosphère, venant combler par expansion le vide du météore, en même temps que les détonations finales se font entendre. L'échantillon en question, coupé en trois morceaux et complétement en croûte, est long de 5$\frac{1}{2}$ pouces, large de 4 pouces et épais de 2$\frac{1}{2}$ pouces (mesure de Vienne) et pèse 1^{kg},583. Une plaque coupée dans le milieu de la météorite offre sur ses deux surfaces un aspect marbré ou veiné, preuve irrécusable que les lignes noires internes, qualifiées de *cosmiques* par M. de Reichenbach et récemment discutées par M. von Rath, datent effectivement de l'époque de la formation

primordiale de la météorite, avant qu'une action violente quelconque l'eût détachée de la masse ambiante
et l'eût lancée sous forme de fragment à travers les
espaces stellaires.   —

§ 6.

Le 26 mai 1868, à 10ʰ14ᵐ du soir, M. A. Tissot a
observé un curieux bolide : « Je l'avais d'abord pris,
dit-il, pour une belle étoile filante, mais, au bout d'un
instant, cet aspect a été remplacé par celui d'une traînée d'étincelles. La durée de l'apparition a été d'une
seconde et demie. Le bolide est parti de la constellation du Serpent, très-près de la Couronne boréale ; il a
passé à 1 degré d'Arcturus, entre cette étoile et le
pôle, et s'est éteint vers les confins du Bouvier et de
la Chevelure de Bérénice. »

§ 7.

Bolide et météorites à Manhattan Kansas (Amérique).

Le 6 juin, vingt minutes avant midi, on a vu apparaître à l'ouest du ciel un brillant météore, sous la
forme d'une flamme rose, mais si vive, que la nuit il
eût effacé la pleine Lune. Il descendit en faisant un
angle de 75 degrés avec l'horizon, en laissant une trace
bien définie de son passage, qui dura près d'une minute. Quand je l'aperçus, il s'était élevé de 55 degrés,
mais d'autres le virent à une élévation bien supérieure.
Le diamètre du noyau était de 15 minutes, à peu près
le demi-diamètre de la Lune. Il descendit en moins

d'une seconde et fit explosion à 12 degrés au-dessus de l'horizon, envoyant deux torrents de feu vers la Terre. Le bruit de l'explosion s'entendit environ quatre minutes après. Il y eut deux détonations presque simultanées, retentissant comme le ferait un canon de 12, à 1 mille de distance. Pour les observateurs situés à l'ouest de nous, il ressembla davantage à un tonnerre éclatant. A 15 milles de ce point, un fermier de la vallée Républicaine pensa que la chaudière d'un moulin à vapeur avait sauté et courut sur le théâtre présumé du désastre. A la suite de l'explosion, il se produisit un nuage de lumière bleue, long de 1°30′ et large de 40 minutes. Il flotta en vue de nous pendant dix-sept minutes, sans changer notablement de forme, puis il disparut derrière un cirrus. Le bruit de l'explosion fut entendu sur une surface de 120 milles de diamètre. On vit le météore jusqu'à Tapeka, Marysville, Fort-Harker et Fort-Zarah, c'est-à-dire à une distance beaucoup plus considérable. Sa trajectoire a paru du sud au nord, mais la direction presque verticale et la vitesse du mouvement nuisirent beaucoup à l'exactitude de sa détermination.

Voici les éléments du mouvement, tels qu'il a été possible de les déterminer :

Hauteur de l'apparition..................... 81 milles.
Hauteur du bolide au moment de l'explosion. 120,50
Longueur du nuage bleu..................... 1,44
Largeur de ce nuage........................ 0,96
Volume approximatif du bolide............. 1890 pieds.
Distance horizontale du lieu de l'explosion. 58 milles.

L'explosion doit avoir eu lieu entre la rivière Républicaine et la rivière Salomon, au-dessus d'une contrée presque déserte. Persuadé qu'il y est tombé un aérolithe, je l'ai inutilement cherché pendant quelque temps. (Professeur MUDGE; extrait du *Sillimann's Journal.*)

§ 8.

Le 13 juin 1868, M. Génissieu, se trouvant rue Rossini, à 9ʰ28ᵐ du soir, vit au couchant une petite étoile filante très-brillante et traînant une longue queue après elle, comme une fusée; la direction était presque sud-nord, c'est-à-dire perpendiculaire à la rue.

Le météore paraissait très-peu élevé au-dessus des maisons et avait une marche horizontale; il se mouvait très-lentement, de l'endroit où se trouvait M. Génissieu; l'angle visuel faisait environ 45 degrés avec l'horizon. (*Association scientifique.*)

§ 9.

M. Muller, professeur à l'École industrielle de Metz, parle en ces termes d'un bolide qu'il a aperçu le 27 juin 1868 :

« Le 27 juin, à 9ʰ45ᵐ du soir environ, j'ai aperçu un bolide étincelant, dont la trace lumineuse a commencé dans la Balance. Il s'est éteint à peu près au milieu de la ligne droite qui joint Arcturus à l'Épi. La durée du phénomène a été d'environ une seconde et demie. » (*Association scientifique.*)

§ 10.

Chute d'un aérolithe au Cambodge.

Dans les derniers jours du mois de juin, une pierre météorique est tombée à Pnomphen, capitale du Cambodge, vers 3 heures de l'après-midi et par un temps serein. Ce bolide, avant d'atteindre le sol, s'est divisé en trois fragments, dont l'un est venu tomber à la porte même du palais du roi ; les autres ont été trouvés à peu de distance. La forme générale du bolide était une pyramide tronquée, par un plan incliné de 47 degrés environ sur la base. A en juger d'après le fragment examiné, le poids total devait être d'environ 1 kilogramme.

Ses caractères physiques ont été donnés par M. G. Rose. La cassure présente un aspect grisâtre et une texture granitoïde. La surface est recouverte d'une croûte noirâtre et luisante, dont l'épaisseur n'atteint pas $\frac{1}{2}$ millimètre. La masse entière est parsemée de points métalliques très-brillants et présente quelques petites taches noirâtres.

§ 11.

Chute d'un aérolithe en Belgique.

Pendant la nuit du 5 au 6 juillet, un violent orage éclata sur Namur et, vers $11^h 45^m$, un globe de feu tomba sur le toit d'une maison et brisa une tuile ; sa chute coïncida avec un coup de tonnerre et, en même temps, une forte odeur de poudre se répandit et faillit suffoquer les personnes qui furent témoins du phénomène. On ne retrouva de ce corps enflammé qu'une petite météorite, qui affecte la forme d'un rognon assez irrégulier, mesurant 28, 20 et 15 millimètres de diamètre et pesant 10 grammes. Plusieurs fragments en ont été détachés et quelques centigrammes ont servi à en faire l'analyse; il pèse actuellement encore 8^{gr},91. Sa surface, inégale, fendillée, d'une couleur olivâtre, est parsemée de points jaune brillant, mais non cristallins. En supposant qu'il ne soit qu'un fragment détaché d'une masse plus grande, la petite croûte qui le recouvre en entier indique qu'il a été isolément à l'état d'incandescence.

Sa solution dans l'eau régale, séparée d'un résidu composé de soufre et d'une matière noire, qui est probablement du graphite, accuse aux réactifs ordinaires la présence du fer, du nickel et du chrome.

Remarque. — D'après nos renseignements ultérieurs, il n'est pas incontestable que cet aérolithe soit authentique.

§ 12.

M. Lacoste, ingénieur civil à Lezoux (Puy-de-Dôme), vit, le 6 juillet, à 9^{h}35^m du soir, un météore très-brillant, de forme sphérique, gros à l'œil comme un œuf de poule, d'une belle couleur bleue, traverser au-dessus de la localité.

Il le vit au zénith et le bolide devait être peu élevé, puis il roula lentement sensiblement du nord-ouest au sud-est, direction de la route de Courpière et d'Ambert ; il mit environ vingt-cinq secondes à parcourir une distance angulaire de 40 à 5o degrés et disparut derrière des constructions, de telle manière qu'il fut impossible de le suivre.

On ne remarqua aucun bruit ni aucune traînée lumineuse appréciable.

§ 13.

Le 10 juillet 1868, vers 10ʰ25ᵐ, M. Lehardelay, observant avec une lunette les nuages lumineux de la constellation de Persée, ou plutôt ses amas stellaires si remarquables, aperçut une étoile filante traversant celui de ces trois groupes qui est le plus considérable et désigné sous la lettre K. Cette étoile a traversé le champ de la lunette grossissant 84 fois et de 34 minutes, en une demi-seconde de temps environ. Son éclat était de 6ᵉ à 7ᵉ grandeur au plus et, par conséquent, sensiblement pareil à celui des étoiles les plus brillantes du groupe que l'observateur examinait. La couleur de cette étoile filante était d'un blanc jaunâtre.

Nous avons déjà vu plus haut (p. 246) une étoile filante observée au télescope.

§ 14.

Deux bolides ont été vus dans la soirée du 11 juillet et à quelques heures d'intervalle, le premier à Montsauche (Nièvre), par le Dʳ Monnot ; le second à Paris, par M. Chauvet.

Voici la relation du Dr Monnot :

« Samedi dernier, 11 courant, à 7 heures précises du soir, ma vue fut subitement attirée par le passage rapide dans l'espace d'un corps volumineux très-brillant.

» Ce corps, se dirigeant de l'ouest à l'est, alla se perdre dans l'horizon, en laissant derrière lui une traînée rouge, qui disparut en deux secondes environ.

» Le ciel était pur, le Soleil brillait encore au-dessus de l'horizon ; aussi ai-je été étonné de l'aspect presque éblouissant de ce corps. »

Quant à M. Chauvet, se trouvant rue de Rambuteau, dans la nuit du 11 au 12, à 1 heure du matin, en regardant dans la direction de l'église Saint-Eustache, il vit, durant l'espace de deux secondes, la voûte céleste traversée par un corps lumineux, qui lui parut avoir le diamètre de la pleine Lune et un mouvement ondulé dans sa course.

§ 15.

Analyse d'une météorite tombée le 11 juillet 1868 à Ornans (Doubs).

Un aérolithe est tombé le même jour à Ornans (Doubs), dans des circonstances qui n'ont pas été rapportées. C'est peut-être le même que le premier des deux précédents bolides.

M. F. Pisani écrit à l'Académie que cette météorite a un aspect tout différent de la plupart des pierres de ce genre et surtout des pierres tombées ces dernières années en Europe, à Montrejean (Haute-Garonne), Tcurinnes-la-Grosse (Belgique), Saint-Mesmin (Champagne), Knahynya (Hongrie) et tout récemment encore en Pologne. Elle est d'un gris foncé, à texture polithique et très-friable, puisqu'en petits fragments elle s'écrase facilement entre les doigts. Sa porosité est assez grande, puisqu'en deux heures un fragment plongé dans l'eau en absorbe environ $\frac{1}{10}$ de son poids. A la lampe, on ne voit que très-peu de fer en grains excessivement petits ; elle est faiblement magnétique ; on peut donc la regarder comme formant la limite entre les météorites contenant du fer et celles qui en sont privées.

Cette météorite est composée de : péridot, 75,10 ; silicate inattaquable, 15,26 ; fer nickélifère, 1,85 ; pyrite magnétique, Fe^7S^8, 6,81 et fer chromé, 0,40.

On voit par ce résultat que, dans cette météorite, le péridot domine bien plus que dans les autres météorites connues, la quantité moyenne du péridot étant de 50 pour 100, tandis qu'elle est ici de 75 pour 100.

§ 16.

Chute d'un aérolithe dans le département de la Loire.

Cette chute ne nous est connue que par la relation suivante, publiée par le journal la *France*, du 13 août 1868 :

Les excursionnistes attardés qui, revenant de villégiature, passaient hier, dans la soirée, sur la route de la Talaudière à l'Étrat, ont été témoins d'un rare et merveilleux phénomène céleste, dit le *Mémorial de la Loire*.

Vers 11ʰ30ᵐ environ, par un temps calme et un

ciel splendidement constellé, un globe de feu de la grosseur d'un boulet de canon est tout à coup descendu de l'espace, sur les hauteurs de Montreynaud, traçant dans sa course une traînée lumineuse d'un vif éclat, et jetant sur son passage des myriades de petites étincelles d'une couleur bleuâtre.

Le météore, en approchant de terre, a décrit une courbe sensible de plusieurs centaines de mètres et, en ce moment, on pouvait distinctement entendre un sifflement aigu qui accompagnait son rapide trajet.

Tout autour de cet orbe voyageur, l'atmosphère était fortement éclairée et l'air avait des vibrations étranges.

Arrivé à peu de distance de la Terre et juste au-dessus de la route de la Talaudière, le resplendissant aérolithe a fait un brusque arrêt et a détoné violemment, — comme fait une bombe, — projetant dans un cercle de plus de 20 mètres des feux blancs, jaunes et verts d'une incomparable vivacité.

Une odeur de soufre très-prononcée a suivi la détonation et il est tombé du ciel une pluie de poussière, dont une voiturée de passants a été comme saupoudrée. Quelques parties de cette poussière insolite ont pu être recueillies et il nous en a été apporté ce matin dans nos bureaux quelques grains, à titre de haute curiosité.

Ces grains, de la grosseur du petit plomb de chasse, dit vulgairement cendrée, sont irréguliers, en général de couleur brune, quelquefois brillants, et s'émiettent aisément sous la pression du doigt, laissant sur le papier un résidu roussâtre. Ils sentent singulièrement la pierre calcinée.

On nous assure qu'un des témoins du phénomène, revenu ce matin sur les lieux, a ramassé un débris de la météorite, de la force d'un œuf de poule. Ce fragment paraît composé, autant qu'on a pu en juger par une première analyse, de fer, de manganèse, de cuivre et de silice.

§ 17

Le 4 septembre, à $8^h 40^m$ (heure de Berne), ce qui donne environ $8^h 20^m$ (heure de Paris), M. Duchartre, se trouvant dans la rue de Brienz (Suisse, canton de Berne), observa un magnifique bolide, traversant le ciel dans toute son étendue visible. Son apparence était celle d'une étoile de première grandeur au moins ; son éclat était très-vif. Il laissait après lui une traînée lumineuse, qui est restée très-visible pendant au moins une minute et qu'on distinguait encore quelque peu deux minutes après le passage. « Le ciel était très-pur, dit l'observateur, et j'ai pu apprécier assez exactement la direction de la trajectoire relativement à l'étoile polaire : elle était est-ouest. Le point où le phénomène a commencé d'être visible pour moi était à 45 degrés au-dessus de l'horizon ; il n'a cessé d'être visible que lorsqu'il a été caché par les hautes montagnes au pied desquelles est situé Brienz, c'est-à-dire à une hauteur d'environ 3o degrés au-dessus de l'horizontale à l'ouest. Le bolide a donc parcouru un arc de 1o5 degrés, du moins pour moi. Sa trajectoire passait par le zénith de Brienz ou à peu près. »

M. Tissot écrit, de Tunis, au sujet du même phénomène :

« Le 4 septembre, à $8^h 55^m$ du soir (temps de
Tunis), c'est-à-dire à $8^h 24^m$ (temps de Paris), me
trouvant sur la nouvelle place à laquelle aboutissent le
Sour-Sidi-Bou-Mandel et la rue Gemà-Gdid, j'aperçus
et je fis remarquer à M. Goujet, inspecteur des lignes
télégraphiques, un bolide dont l'aspect était celui d'une
étoile filante plus brillante que Vénus dans son plus
grand éclat et la couleur un rouge vif. Il descendit suivant un grand cercle vertical passant à très-peu près
par γ et α de Cassiopée et laissant légèrement à droite
η, γ et α de Persée ; c'est au-dessous de cette dernière
étoile qu'il disparut. Il resta un peu moins de deux secondes entre l'almicantarat de γ de Cassiopée et celui
de α de Persée. M. Goujet évalue à trois secondes le
temps pendant lequel il a vu le bolide. »

§ 18.

**Le bolide du 5 septembre 1868. — Observations permettant
de calculer sa trajectoire à travers le système planétaire.**

Un bolide des plus remarquables s'est montré le
5 septembre 1868, vers 8 heures du soir. Son passage près de la Terre a donné lieu à de nombreuses
observations qui ont permis de le traiter en véritable
corps céleste, comme on va le voir par les curieuses
relations suivantes.

M. Lecoq écrit de Clermont-Ferrand qu'il apparut à
l'est près de l'horizon, qui était borné, pour lui, de ce
côté par les montagnes du Forez. Il ne marchait pas

très-vite et l'on a pu le suivre des yeux pendant environ douze secondes. Son trajet était une courbe régulière, dont il était facile de suivre la trace à la faveur de la traînée lumineuse qu'il laissait derrière lui. Il se dirigeait très-nettement de l'est à l'ouest, en accomplissant son trajet au nord de Clermont; toutefois il n'est pas arrivé jusqu'au-dessus des montagnes du Puy-de-Dôme, qui limitent notre horizon à l'ouest. Il a successivement perdu de son éclat et s'est éteint sans qu'on ait pu discerner le moindre bruit à la suite de son extinction.

Ce bolide, dont il est difficile d'évaluer le volume apparent, illuminait parfaitement la voûte du ciel. Il avait tout à fait l'apparence d'une fusée de feu d'artifice, décrivant sa courbe avec une certaine lenteur. La route qu'il suivait restait éclairée et, de plus, parsemée de brillantes étincelles qui conservaient leur éclat pendant un certain temps.

D'abord très-brillant, le globe perdait peu à peu son éclat, à mesure que des parcelles incandescentes semblaient se détacher de sa masse et diminuer son volume.

Je n'ai pas entendu dire, ajoute M. Lecoq, qu'il y ait eu chute d'aérolithe; mais je pense que, si ce phénomène a eu lieu, il doit s'être produit très-loin au nord de Clermont.

En supposant que chaque étincelle représentât une parcelle de matière du bolide, j'ai toujours vu ces étincelles se soutenir quelque temps derrière lui, et je ne les ai pas vues commencer à descendre perpendiculairement vers la Terre.

Ce même bolide a été vu au-dessus de la ville de Nîmes, à une hauteur qu'à vue d'œil on pouvait évaluer à celle des plus hauts nuages. Sa grosseur apparente était celle d'une étoile de première grandeur. Il se dirigeait du levant au couchant et laissait derrière lui une traînée lumineuse exactement semblable à celle d'une fusée. Sa vitesse était beaucoup moindre que celle des étoiles filantes ordinaires ; sa course a duré environ huit à dix secondes.

Il a été vu également à Metz, à Dôle (Jura), à Saulieu (Côte-d'Or). M. Mugnier écrit de cette ville :

« J'étais assis au jardin avec une partie de ma famille, après le coucher du Soleil ; la température était des plus agréables, le ciel était d'une grande pureté, les étoiles brillaient d'un vif éclat.

» Cependant nous vîmes pâlir les étoiles presque subitement et s'élever à l'horizon, avec une grande rapidité, dans la direction sud-est, un jet de feu ressemblant à la queue d'une brillante comète ; il nous paraissait s'élever verticalement, mais cette direction n'était qu'apparente, car nous le vîmes bientôt se diriger de notre côté et passer à notre zénith, puis continuer sa marche dans la direction du nord-ouest, et enfin disparaître après avoir parcouru presque toute la partie du ciel visible en ce moment. Il a cessé d'être apparent pour nous un peu à gauche des étoiles extrêmes de la Grande Ourse, ν et ω, si je ne me trompe, et très-basses en ce moment.

» Ce jet de feu, qui paraissait embrasser une distance de 20 à 25 degrés à son apparition, diminuait de grandeur en s'éloignant dans la direction du nord-ouest. Je pense que cet effet doit être attribué en partie à la position qu'il occupait par rapport à nous, et en partie à son éloignement. Sa course nous a paru s'opérer avec la plus grande régularité, sans déviation aucune et dans le même plan. »

M. Badiller, instituteur à Civray-sur-Cher, canton de Bléré (Indre-et-Loire), écrit de son côté :

« Le 5 septembre, à 8ʰ 3o^m du soir, j'ai observé à l'est une forte étoile filante qui, partant de l'horizon, s'est élevée au delà de mon zénith, en produisant une courbe oblique vers le nord-ouest. Ce météore, en tout semblable à une forte fusée de feu d'artifice, a tracé, de bas en haut, un large sillon blanc d'argent, qui, en s'éteignant, a lancé des gerbes de feu dans toutes les directions.

» Je ne me rappelle pas avoir vu d'étoile filante monter de bas en haut et produire un segment de lumière aussi fort et d'une aussi longue durée. »

Trémont (Saône-et-Loire). — M. Magnin ajoute aussi, 5 septembre, 8ʰ 3o^m du soir. « J'observe Jupiter, qui n'est encore qu'à une hauteur assez faible au-dessus de l'horizon; à peine l'ai-je amené dans le champ de la lunette, que je vois un corps lumineux passer à 10 ou 12 secondes de la planète. Je regarde dans le ciel et je vois un bolide très-brillant, surpassant Jupiter en éclat et laissant derrière lui une longue traînée lumineuse, ce qui le fait ressembler à une fusée. Son mouvement de translation est assez lent : le bolide a dû s'élever au-dessus de l'horizon; il s'est dirigé de l'est à l'ouest, en traversant successivement la constellation des Poissons, puis celle d'Andromède, passant entre cette dernière et Cassiopée, puis traversant le Dragon. La maison m'en a dérobé la vue. Le bolide a passé au zénith ou à peu près; sa trajectoire apparente était rectiligne. »

Le même bolide fut observé à Florence, quelques minutes avant 9 heures, aux environs de Moncalieri et à Aoste, vers 8^{h}25^m, temps moyen local. En tenant compte de la différence de longitude et en faisant attention que le phénomène fut observé par des spectateurs qui n'avaient sans doute à leur usage que des horloges ordinaires et non des chronomètres, on est fondé à croire que le moment de son apparition en Italie correspond à celui où il se montra en France. En effet, 8^{h}20^m, en temps moyen de Metz correspondent à peu près au temps moyen de Paris et, partant, correspondent également à 9 heures moins quelques minutes à Florence, d'autant plus qu'en cette ville les horloges sont réglées sur le temps moyen de Rome.

Tout cela démontre clairement que les deux apparitions observées en France et en Italie se rapportent à un seul bolide qui aurait été vu sur une étendue de territoire de 7 degrés de longitude et de 6 degrés de latitude.

Sa trajectoire fut également relevée à l'Observatoire de Milan par l'assistant, M. Sergent; mais l'endroit où on l'observa le plus soigneusement fut à Bergamo, en Lombardie (latitude boréale 45°41'55"; longitude 0°29'24" est de Paris), où M. Zezioli, observateur infatigable des météores lumineux, put le suivre sur tous les points visibles de son chemin. La trajectoire visible du bolide fut d'environ 160 degrés et la durée de son apparition fut de dix-sept secondes;

mais la traînée lumineuse qu'il laissa sur son chemin ne commença à s'effacer qu'après dix autres secondes. Le début de l'apparition resta caché dans les nuages; aussi M. Zezioli ne le remarqua-t-il que lorsqu'il fut arrivé au point $\mathcal{R} = 17°$; $\bigodot = + 3°$, moment où il était à sa deuxième grandeur.

Arrivé à Andromède, le bolide crut en lumière jusqu'à la première grandeur; quand il atteignit Cassiopée, il était beaucoup plus luisant que Jupiter. Ce météore augmentait en dimension et diminuait en vélocité au fur et à mesure qu'il parcourait les intervalles de la Petite Ourse, du Dragon, des Chiens et de la Chevelure de Bérénice.

Il disparut dans les brouillards de l'horizon occidental, mais il reparut ensuite parmi les mêmes brouillards, après 5 degrés de course. Il éclata et se divisa en quatre petits globes, dont le plus grand avait l'apparence de Jupiter et les trois autres étaient de première et de deuxième grandeur. L'endroit où il fut entièrement perdu de vue n'était pas bien éloigné d'Arcturus. Sa position fut $\mathcal{R} = 202°$, $\bigodot = + 27°$.

La traînée était rouge et se consumait en devenant d'un azur clair; sa largeur était d'environ 3 degrés; on y discernait parfaitement bien des étincelles enflammées. Semblable à une longue route lumineuse, elle resta visible pendant quelque temps dans Céphée, dans la Petite Ourse, dans le Dragon, jusqu'à l'étoile η de la Grande Ourse.

Ces diverses observations, corroborées par M. Tissot, lui ont permis de déterminer les éléments de ce petit corps céleste, si remarquable par son éclat, par

les dimensions, l'intensité et la persistance de sa traînée lumineuse, par l'amplitude de son trajet et la durée de son apparition. Voici les résultats de ce curieux
calcul.

De Bergame, où il se livre habituellement à l'observation des météores lumineux, M. Zezioli avait vu
celui-ci parcourir, en dix-sept secondes, un arc dont
les extrémités correspondaient aux positions suivantes :
℞ = 17°, ⊕ = + 3° et ℞ = 202°, ⊕ = + 27° ; il
était alors $8^h 25^m$, en temps moyen du lieu. Ces données méritent toute confiance ; elles ont été transmises
par M. le professeur Schiaparelli, directeur de l'Observatoire de Milan, au directeur de l'Observatoire de
Moncalieri, le P. Denza, dont une Note à ce sujet contient d'autres détails intéressants sur lesquels nous
reviendrons plus loin.

A Trémont (Saône-et-Loire), M. Magnin, pendant
qu'il regardait Jupiter, *a eu en même temps la planète
et le bolide dans le champ de sa lunette.*

Enfin, pour M. Ch. Mugnier, à Saulieu (Côte-d'Or),
et M. Badiller, à Civray-sur-Cher (Indre-et-Loire), le
bolide est passé au zénith. Une seule de ces deux observations, combinée avec celles qui précèdent, suffirait à la détermination de la trajectoire ; par leur réunion, elles se contrôlent mutuellement et le calcul fait
voir qu'elles sont d'accord ; remarquons toutefois que,
par leur nature, elles comportent une incertitude de
quelques degrés. Voici les résultats obtenus, en faisant passer le bolide exactement au zénith de Saulieu.

A sa plus courte distance de la surface de la Terre,
le bolide en était à 111 kilomètres, sur la verticale du

lieu des environs de Belgrade (Servie), dont la latitude est 44°54′ et la longitude, comptée du méridien de Paris, 18°6′. Il se trouvait alors à 4 degrés seulement au-dessus de l'horizon de Bergame.

Sa première apparition eut lieu une seconde et quart après ; M. Zezioli le vit à l'est, se dégageant des nuages et offrant l'aspect d'une étoile de deuxième grandeur. Il avait parcouru 112 kilomètres depuis la position qui vient d'être indiquée, tandis que sa hauteur n'avait augmenté que de 1 kilomètre. Sa distance à Bergame était de 750 kilomètres. Il se trouvait à peu près au zénith de Oukova (Slavonie) et, plus exactement, à celui du lieu dont les coordonnées géographiques sont 45°11′ et 16°45′.

Quatre secondes plus tard, le mobile incandescent avait encore parcouru 339 kilomètres, et arrivait au-dessus d'un point situé à 8 lieues environ à l'est-sud-est de Laybach (Carniole), par 45°59′ de latitude et 12°38′ de longitude ; sa hauteur était alors de 126 kilomètres. C'est à ce moment que M. Magnin le vit dans la direction de Jupiter. Il était à 794 kilomètres de Trémont et à 438 kilomètres de Bergame ; de la position qu'il occupait, la distance de ces deux localités, qui est de 381 kilomètres, aurait été vue sous un angle de 13 degrés.

Il fallut ensuite dix secondes au bolide pour s'avancer de 862 kilomètres et rencontrer la verticale de Saulieu. Sa hauteur était devenue 242 kilomètres et sa distance à Bergame 519 kilomètres.

Enfin, trois secondes après, il avait parcouru 292 kilomètres de plus et se trouvait au zénith du lieu qui correspond à 47° 29' de latitude et 1° 43' de longitude occidentale ; ce lieu est situé dans le voisinage de Mettray (Indre-et-Loire). La hauteur du bolide avait atteint 307 kilomètres et sa distance à Bergame 798 kilomètres. Bien qu'il fût encore à 19 degrés au-dessus de l'horizon de cette dernière ville, il disparut, pour M. Zezioli, dans les nuages du couchant. De Clermont-Ferrand, de Civray-sur-Cher et autres localités, on a continué à l'apercevoir, ainsi que nous le démontrerons tout à l'heure ; mais, faute de données précises, nous ne pouvons déterminer la position du point où il a semblé s'éteindre.

En dix-sept secondes, le bolide avait parcouru une distance de 1493 kilomètres, vue de Bergame sous un angle de 150 degrés, et du centre de la Terre sous un angle de 12° 56'. Sa vitesse, relativement à notre planète, était de 88 kilomètres par seconde ; elle avait la même direction que le point du ciel dont les coordonnées sont $\text{Æ} = 252° 4'$, $\odot = + 8° 11'$.

La masse terrestre ne devait exercer qu'une faible influence sur le mouvement d'un corps animé d'une aussi grande vitesse. On trouve, en effet, que l'orbite par rapport à la Terre était une hyperbole ayant pour excentricité 124 et dont les asymptotes ne faisaient entre elles qu'un angle de 1 degré. Au périgée, la vitesse du bolide surpassait seulement de $0^{\text{km}},7$ celle qu'il possédait avant que l'action de notre globe ne fût devenue sensible. Il eût été illusoire de tenir compte de cette action dans la suite du calcul.

Par rapport au Soleil, la vitesse du bolide, au moment de l'observation, était de 79 kilomètres par seconde et se trouvait dirigée vers le point du ciel qui a pour coordonnées $\mathbb{R} = 182°11'$, $\oplus = +22°35'$. L'orbite, dans le mouvement héliocentrique, est encore une hyperbole ; voici quels sont ses éléments :

	° '
Longitude du nœud ascendant...............	343.28
Obliquité sur l'écliptique....................	68.32
Angle de l'axe transverse avec la ligne des nœuds.	87.00
Excentricité................................	2.59
Demi-axe transverse (le rayon de l'orbite terrestre étant 1).	0.20
Époque du passage au périhélie. 1868, sept. 25, à 19 h.	
Vitesse au périhélie........... 100 kil. par seconde.	

Le sens du mouvement est rétrograde.

L'angle de chacune des deux asymptotes avec l'axe transverse est de 67 degrés ; celui de la tangente à l'hyperbole, au point le plus rapproché de la Terre, avec l'asymptote de la portion de courbe à laquelle ce point appartient, est seulement de 1°56'. Cette dernière asymptote est inclinée de 19 degrés sur le plan de l'écliptique et l'autre de 23 degrés.

Le bolide ne fait que traverser le système solaire, et son mouvement, jusque dans le voisinage de notre planète, a été à peu près rectiligne. Il s'éloignera définitivement dans une direction faisant un angle de 45 degrés avec sa direction primitive ; alors sa vitesse, par rapport au Soleil, sera de 67 kilomètres, comme celle dont il était animé avant que l'action de cet astre fût devenue sensible.

La distance du périhélie au Soleil n'est que 0,312,

c'est-à-dire un peu moindre que la distance moyenne de Mercure, mais un peu supérieure à la plus petite. Vingt jours et demi seulement se sont écoulés entre l'apparition du bolide et son passage au périhélie ; actuellement, il est sorti du système solaire. Du reste, on trouvera dans le tableau suivant, à côté du nom de chacune des huit planètes principales, les époques auxquelles la distance de l'astre errant au Soleil a été égale à la distance de cette planète.

Avant le passage au périhélie.				Après le passage au périhélie.			
Neptune...	1866,	sept.	2	Mercure...	1868,	sept.	30
Uranus....	1867,	juin	6	Vénus.....	1868,	oct.	9
Saturne....	1868,	févr.	7	La Terre...	1868,	oct.	16
Jupiter....	1868,	mai	26	Mars......	1868,	oct.	29
Mars......	1868,	août	24	Jupiter....	1869,	janv.	27
La Terre...	1868,	sept.	5	Saturne....	1869,	mai	16
Vénus.....	1868,	sept.	12	Uranus....	1870,	janv.	16
Mercure...	1868,	sept.	21	Neptune...	1870,	oct.	20

Puisque le bolide du 5 septembre est venu des profondeurs de l'espace, nous pouvons nous demander de quelle région du ciel il émane et quelle était sa vitesse absolue. En admettant comme prouvé que le Soleil parcourt 2 lieues par seconde et qu'il se dirige vers le point qui a pour ascension droite 260° 16′ et pour déclinaison boréale 33° 32′, on trouve que la vitesse absolue du petit astre était de 70 kilomètres, à peu près celle de la 61ᵉ du Cygne, et que le point d'émergence répond aux coordonnées $\mathbb{R} = 8°$, $\oplus = -25°$. Ce point appartient à la partie la plus australe de la constellation de la Baleine ; le mouvement était, au contraire, dirigé vers la Chevelure de Bérénice.

« Le bolide, dit le P. Denza, disparut dans les brouillards de l'horizon occidental, mais il reparut ensuite parmi les mêmes brouillards, après 5 degrés de course. Alors il éclata et se divisa en quatre petits globes, dont le plus grand avait l'apparence de Jupiter ; les trois autres étaient de première et de deuxième grandeur. » Si le point de la trajectoire où l'explosion a eu lieu était connu, ainsi que les distances angulaires des fragments à un moment donné, on pourrait calculer une limite inférieure de la vitesse due à l'explosion ; mais ces indications manquent ; ce qui est bien certain, c'est qu'aucun des fragments n'est arrivé à la surface de la Terre, car, entre autres conditions, il eût fallu pour cela que la vitesse due à l'explosion fût au moins égale à 90 fois celle qu'une charge de poudre de 6 kilogrammes imprime à un boulet de 24. Cette dernière est de 548 mètres par seconde. Supposons que la première ait eu la même valeur, nous en conclurons que les fragments ont pris des directions s'écartant au plus de 20 minutes de la direction primitive, et que chacun d'eux décrit, par rapport au Soleil, une orbite dont les éléments diffèrent peu de ceux que nous avons donnés plus haut ; on sait d'ailleurs que ces derniers se rapportent au mouvement du centre de gravité, après comme avant l'explosion.

De Bergame, la largeur de la traînée lumineuse était vue sous un angle d'environ 3 degrés, ce qui suppose que cette largeur a augmenté progressivement en restant comprise entre 3 et 10 lieues.

Le bolide lui-même a brillé d'un éclat de plus en plus vif, bien qu'à partir d'un certain instant il s'éloignât de plus en plus de l'observateur ; on comprend dès lors que les dimensions de la traînée aient aussi été en augmentant.

§ 19.

Chute de météorites à Sauguis-Saint-Étienne, canton de Tardets, arrondissement de Mauléon (Basses-Pyrénées).

Dans la nuit du 6 au 7 septembre, vers $2^h 30^m$ du matin, un bolide a été aperçu dans le département des Basses-Pyrénées, notamment dans l'arrondissement de Mauléon.

Le météore, présentant l'aspect d'une boule incandescente, était suivi d'une longue traînée lumineuse que l'on a comparée à un grand serpent de feu. Il répandait une vive clarté, d'un vert pâle, qui n'a point changé pendant tout le phénomène, dont la durée a été évaluée à six ou dix secondes environ.

Plusieurs personnes ont remarqué qu'avant de disparaître le bolide a éclaté, en projetant des fragments enflammés et en laissant à sa place un léger nuage blanchâtre, qui a persisté quelque temps.

Cette apparition a été suivie d'un bruit continu, semblable au roulement lointain du tonnerre ; puis tout s'est terminé par trois ou quatre détonations très-fortes, qui ont été signalées dans des lieux dont les extrèmes sont distants de plus de 80 kilomètres. Ainsi dans la ville d'Iricon, située en Espagne, sur la frontière de France, plusieurs personnes ont été réveillées, malgré le bruit très-prononcé de la mer. La lumière et le bruit qui accompagnaient le bolide

étaient assez effrayants pour qu'un braconnier, homme
aguerri, qui s'était mis à l'affût sur un arbre, auprès
de Saint-Dos, village du canton de Salies, se soit, dans
son épouvante, laissé tomber à terre. Les pasteurs
préposés à la garde des troupeaux dans la haute montagne ont, eux aussi, été effrayés par la détonation.

A la suite de ces détonations, les habitants de Sau-
guis-Saint-Étienne entendirent un bruit strident semblable à celui que fait un fer rouge plongé dans l'eau,
puis enfin un coup sourd, dû à la chute d'un corps
météorique.

M. Jules Thore, qui cultive les sciences avec un
zèle trop rare, et qui habite le village de Carresse,
situé dans le voisinage, a eu la bonne inspiration de
se rendre dès le lendemain sur les lieux où le phénomène avait été observé avec tant d'intensité, afin
de rechercher s'il n'en était pas résulté une chute de
météorite. Il fut assez heureux pour voir que sa supposition s'était réalisée. Nous disons assez heureux,
car on sait que, si toutes les chutes de météorites sont
précédées de l'apparition d'un bolide, il s'en faut de
beaucoup que toutes les apparitions de bolides soient
suivies de la découverte de météorites. Peut-être ce
relevé de toutes les observations faites servira-t-il à
établir quelques coïncidences, comme à relever quelques
trajectoires.

Quoi qu'il en soit, un corps solide était tombé après
l'explosion du bolide de Sauguis, et avait touché terre
à 30 mètres environ de l'église, dans le lit d'un petit
ruisseau; il s'y était complétement brisé, à tel point
que les plus gros fragments avaient à peine 5 centi-

mètres de longueur. D'après une lettre du curé de Sauguis, cette chute a été constatée par deux hommes qui, s'étant attardés, prolongeaient encore leur entretien devant la porte de l'un d'eux. Effrayés d'abord par ces détonations, puis par ce sifflement insolite, ils se couchèrent à terre et virent la pierre tomber devant eux à une vingtaine de mètres. Sans cette circonstance toute fortuite, cette chute, quoique se produisant au milieu d'habitations, aurait pu rester inaperçue, comme il arrive, sans doute, au plus grand nombre.

Les habitants s'empressèrent de s'emparer des principaux échantillons et les brisèrent, espérant y trouver quelque chose d'intéressant pour eux; puis ils en jetèrent les menus débris!

M. Jules Thore, dans les deux visites qu'il fit successivement sur les lieux, recueillit avec le plus grand soin tous les fragments qu'il put découvrir, et sut parfaitement les distinguer des cailloux d'ophite, qui abondent sur ce point et qui auraient pu donner lieu à une méprise.

D'après les informations qu'il a prises, il évalue le poids total de la météorite à 2 kilogrammes. Le curé de Sauguis porte ce poids à 3 ou 4 kilogrammes.

Il est très-possible que d'autres fragments soient tombés dans les environs, mais on n'a pu en découvrir, ce qui s'explique par ce fait que les montagnes situées autour du village sont en partie couvertes de forêts et peu habitées. D'ailleurs l'heure de la chute a été un autre obstacle à l'observation.

La direction que suivait le bolide du 7 septembre n'est pas indiquée d'une manière concordante par

tous les témoins : les uns disent qu'elle était du nord
au sud, tandis que pour les autres elle était de l'ouest
à l'est. Il ne serait pas impossible que l'une des observations se rapportât à la direction initiale, et l'autre à
celle de l'un des éclats qui aurait dévié à la suite de la
détonation.

La météorite de Sauguis est principalement lithoïde.
Les grains métalliques qu'elle renferme sont très-petits
et en faible proportion.

Elle appartient au type commun (sporadosidère,
oligosidère) ; toutefois elle s'écarte de la variété qui
est, sans comparaison, la plus fréquente par sa teinte
blanche, à peine grisâtre.

Dans la partie pierreuse, on distingue, comme à l'ordinaire, des globules sphéroïdaux, probablement formés
de silicates inattaquables.

Parmi les substances douées de l'éclat métallique, à
part les grains de fer métallique qui sont particulièrement petits, on y distingue d'autres grains, bien recon-
naissables par leur couleur bronze et qui consistent en
sulfure de fer ou troïlite ; cette dernière substance
forme même des noyaux dont la dimension atteint
10 millimètres. En outre quelques grains noirs, beaucoup plus rares, paraissent consister en fer chromé.

La croûte, d'un noir mat, est remarquablement
épaisse ; elle atteint 1 millimètre. Au lieu d'être lisse,
elle présente de nombreuses inégalités ; elle est comme
chagrinée.

Des veines noires et très-minces traversent toute la
masse et sont semblables à celles qui ont été souvent
signalées dans les météorites.

Examinée en tranches minces au microscope, la pâte de cette météorite se montre entièrement cristalline; c'est une sorte de brêche, à parties très-petites, transparentes et incolores. Çà et là sont disséminés des grains opaques dont quelques-uns sont ocreux, et paraissent résulter d'une oxydation du fer nickelé. Du fer sulfuré s'y reconnaît, ainsi que du fer chromé.

Par tout l'ensemble de ses caractères extérieurs, la météorite tombée le 8 septembre 1868 à Sauguis est *identique* à la météorite tombée le 29 février 1868 aux environs de Casale, en Piémont. Il est impossible même, pour un œil exercé, de distinguer les échantillons provenant de ces deux chutes. Comme cette dernière, elle se rapproche beaucoup aussi de la météorite tombée le 5 août 1856 à Oviédo (Asturies), et encore plus de celle dont on a observé la chute le 4 octobre 1857 aux Orines, dans le département de l'Yonne.

Ces identités peuvent présenter de l'importance au point de vue astronomique, c'est-à-dire pour l'étude des courbes encore inconnues que décrivent ces corps dans les espaces, avant d'être précipités sur la Terre.

§ 20.

Le soir du 9 septembre, écrit le P. Denza, tandis que nous étions, comme de coutume, attentifs à explorer le ciel pour déterminer les traînées des étoiles filantes qui se laissèrent voir ce soir-là (nous en comptâmes cent vingt-quatre en deux heures quarante-cinq minutes), un magnifique bolide se manifesta à 11^h31^m du côté est nord-est de notre horizon. L'observateur qui était chargé d'explorer cette partie du ciel vit, entre les étoiles γ et χ de la Grande Ourse, une traînée subite et lumineuse, large d'environ 3 degrés et de couleur jaunâtre. Elle dura peu d'instants. Arrivée entre $\varkappa$ et λ du Lion, elle se convertit en un globe de lumière rougeâtre, lequel éclata subitement sans explosion et forma comme un nuage de vapeurs rouges, terminé à la partie inférieure par un beau globe vert. La grosseur de tout le globe équivalait, au commencement, à un quart environ de la grandeur apparente de la Lune ; mais en s'ouvrant il acquit un diamètre peu différent de celui de cet astre. La lumière qu'il jeta fut si vive qu'elle éclaira la terrasse de l'Observatoire, au point que les cinq autres observateurs qui regardaient les autres régions du ciel en furent surpris et se tournèrent vers l'endroit de l'apparition. Quelques-uns purent même en voir la dernière phase ; l'apparition cessa aussitôt.

§ 21.

Le 16 septembre, un bolide a été observé en Angleterre par M. Alexandre Herschel. Voici ce qu'écrit cet éminent observateur.

Mercredi, 16 septembre courant, on a vu ici (Collingwood, Hawkhurst) un brillant bolide, qui apparut à 8^h30^m du soir, tomba vers l'ouest d'une élévation de 45 degrés, presque verticalement, laissant derrière lui une traînée d'étincelles de couleur de feu. Ce météore a disparu sans explosion visible ou sensible. Beaucoup plus brillant que Vénus n'apparaît à son *maximum*, il a jeté une vive lumière sur les objets.

<h2 style="text-align:center">§ 22.</h2>

Le bolide du 8 octobre 1868.

Le bolide qui eut le plus de retentissement de tous ceux de cette année fut incontestablement celui du 8 octobre, qui traversa Paris au moment de la sortie des théâtres. On ne pouvait mieux choisir son heure pour devenir populaire.

Tout le Paris oisif aperçut ce brillant météore, et la plupart des curieux le prirent pour une gerbe de lumière électrique. Les plus observateurs reconnurent qu'ils avaient affaire à un bolide, mais ils s'imaginèrent qu'il tombait à quelques centaines de mètres d'eux.

Et en somme l'illusion était complète. Le météore avançait assez doucement ; très-volumineux, très-brillant, étincelant d'abord comme un rayon électrique, puis laissant une traînée colorée, dont les effets magiques éblouissaient les spectateurs, il s'avançait s'élargissant fortement à l'arrière et laissant tomber de sa tête enflammée des milliers d'étincelles ; il disparut derrière les maisons, et tout le monde précisait la rue où il semblait être tombé. Il tomba ainsi à peu près dans tous les quartiers. Le lendemain on annonça qu'on en avait recueilli les débris à La Varenne-Saint-Hilaire, puis à Belleville, aux Prés Saint-Gervais, etc. Quelques jours après, les journaux de province signalaient également son passage ; chacun d'eux affirmait que le bolide avait touché le sol dans les environs de ses bureaux; c'est ainsi qu'il avait dû s'abattre aux environs de Reims, où l'on était sûr de l'avoir vu passer à 25 mètres au plus au-dessus du théâtre, aux environs de Rouen, de Lille, d'Orléans, d'Angers, etc.

Ces faits suffisent pour montrer qu'il passait au-dessus de nos têtes à une distance prodigieuse. Pour qu'on l'ait aperçu dans tant de régions différentes, à très-peu près au même instant, en tenant compte des longitudes, il faut bien que sa trajectoire fût extrêmement élevée.

Voici les principales observations faites sur ce bolide :

Albert (Somme). — M. Ém. Comte écrit : Cette nuit, quelques minutes après minuit, un splendide météore a traversé l'atmosphère. Beaucoup de personnes ont entendu un bruit très-fort ressemblant à des détonations successives ou au bruit de pavés lancés avec violence et rebondissant dans la rue.

Des maisons ont été secouées et des plâtras sont tombés, comme s'ils eussent subi les effets d'un tremblement de terre.

Saint-Saens (Seine-Inférieure). — M. le Juge de Paix. — Dans la nuit du 7 au 8 octobre, à $12^h 10^m$, j'aperçus d'abord une large lueur comme celle d'une étoile filante, semblant courir de l'est à l'ouest; peu à peu la lueur s'affaiblit graduellement.

Une minute ou deux après la disparition de la lueur, j'entendis une violente détonation comme celle d'un coup de canon du plus fort calibre qui serait parti à 100 mètres de moi; une demi-minute après, une seconde détonation en tout semblable.

Les deux détonations m'ont paru être à l'ouest et non en l'air, mais comme par terre; elles n'avaient pas de roulements comme la foudre, et je n'ai pas re-marqué d'échos.

Creil (Oise). — M. le Dr Boursier. — Un bolide a passé cette nuit au-dessus de notre pays. Il était minuit sonnant quand tout le ciel s'est enflammé d'une lumière tellement vive, que tous les spectateurs en ont été éblouis autant que terrifiés.

A tous il a paru que le globe lumineux allait tom-ber : un habitant de Nogent s'imagina et raconta qu'il l'avait vu rouler sur le sol.

La direction du bolide était du sud au nord : il venait de Chantilly et se dirigeait sur Nogent en pas-sant au-dessus de la gare de Creil. On fixe à peu près à une minute la durée de son apparition.

Une minute après sa disparition suivant les uns, cinq minutes suivant les autres, une violente détona-tion s'est fait entendre. Tout le monde a été réveillé, croyant à un tremblement de terre, ou à une explosion des gazomètres de Creil. Dans cette ville et dans les communes environnantes, les vitres tremblèrent, les portes mal fermées s'ouvrirent. Dans la gare, plusieurs becs de gaz furent éteints. A Senlis, à Fleurieu, la commotion fut également très-violente.

Étrépagny (Eure). — M. le comte Le Couteulx. — Un aérolithe magnifique a parcouru hier au soir les plaines du Vexin, passant à une très-faible hauteur au-dessus de la ville d'Étrépagny. Il a éclaté à peu près à une lieue de cette dernière ville, en faisant une détonation comparable à celle de la plus forte pièce d'ar-tillerie. Comme c'était précisément le jour de la foire d'Étrépagny, des centaines de personnes l'ont parfaitement vu, et comme il s'en trouve qui ont même mesuré l'espace de temps écoulé entre le moment où il est passé au-dessus de la ville d'Étrépagny et celui où a eu lieu la détonation (temps qui a été d'une minute et demie), on pourra, si l'on retrouve les fragments de ce météore, savoir au juste quelle était sa vitesse. Toutes les déclarations concordent pour certifier que le météore paraissait très-peu élevé et de la grosseur d'*un petit tonneau*. La lueur était si forte que l'on voyait comme en plein midi.

Vannes. — M. Arrondeau. — Le journal de Vannes, annonçait, avec doute il est vrai, qu'un bolide de dimension considérable était tombé aux environs, dans la soirée du mercredi 7 courant. Je me suis rendu au lieu indiqué et j'ai constaté qu'un globe de feu avait été vu en effet vers minuit, passant à une faible distance au-dessus de la ferme de Tohannie, mais qu'aucune chute d'aérolithe n'avait eu lieu. Les témoins du phénomène ont cru seulement que le météore allait incendier une barge de paille placée dans la cour d'une ferme voisine, d'où l'on peut conclure que le bolide rasait l'horizon à une faible hauteur.

M. Morren écrit à l'Académie des Sciences qu'il a vu le même bolide à Angers, vers minuit : il avait un éclat considérable et se dirigeait vers le nord-est, à une hauteur qu'on peut estimer à 45 degrés. La durée de l'apparition du météore a été d'une seconde et demie environ ; elle n'a été accompagnée d'aucun bruit.

M. le curé Roze annonce que ce bolide a été signalé également à Tilloy-lès-Couty (Somme). La lumière était très-vive ; elle a duré un temps assez court ; quelques instants après, il s'est produit un roulement sourd, comparable à celui d'un *chariot vide* qui roulerait sur un parquet ; il paraissait se diriger de l'est à l'ouest. Après la disparition du bolide le ciel, clair auparavant, est demeuré chargé de vapeurs.

Notre ami M. Tremeschini a fait sur ce bolide une observation très-précieuse à son observatoire de Belleville (Paris). Dans la nuit du 7 octobre, nous écrit-il, je me disposais à observer, à l'aide de ma méridienne équatoriale, un point du ciel rapproché de l'Étoile polaire, et, l'oreille au chronomètre, je venais d'entamer une première série de battements de secondes, quand mon attention fut subitement attirée vers la constellation de Céphée, par l'éclat d'une magnifique *strie* lumineuse qui venait d'y paraître.

Mettant à profit les conditions exceptionnellement favorables dans lesquels je me trouvais, je m'occupai de suivre avec attention le phénomène et de tenir compte, avec la plus scrupuleuse exactitude, de toutes les phases par lesquelles passa ce superbe bolide, un des plus remarquables dont on puisse conserver le souvenir.

Voici les documents que l'observateur a pu recueillir :

Commencement du phénomène. $11^h 59^m 54^s$ temps moyen.
Fin du phénomène........... $12^h 0^m 1^s$ »

Le bolide était dirigé du sud de l'étoile α de Céphée vers le nord de l'étoile η de la Petite Ourse.

Après avoir passé entre les deux étoiles β et γ de la Petite Ourse, en augmentant toujours de volume,

13.

le bolide, dont le diamètre apparent avait déjà atteint la proportion d'environ 30 minutes de degré, fit explosion. La disposition que prirent alors les éclats du météore fut celle d'un cône immense dont la base, de 15 degrés de diamètre environ, était tournée du côté de la Terre.

Le bruit de l'explosion, comparable à celui qui serait produit par l'explosion d'une mine très-rapprochée, ne se fit entendre que cinq minutes vingt-huit secondes après la disparition définitive de ce phénomène.

A l'instant de l'explosion, la lumière projetée par le bolide, ressemblant jusqu'alors à une lumière électrique très-intense, changea tout à coup de nuance pour passer au rouge le plus vif, ensuite au bleu, puis au jaune, enfin au vert.

L'attention de tous les témoins de ce météore a été surtout frappée par son étonnante grosseur, qui dépassait, il faut le dire, le volume de tous les météores observés depuis de longues années. Deux autres particularités serviront à nous révéler l'origine du phénomène. La première est l'immense portée de la série de détonations entendues après la disparition du bolide. Ces détonations, en effet, ont été entendues sur un horizon de plus de 80 lieues de diamètre, c'est-à-dire sur une surface incomparablement plus étendue que celle sur laquelle peuvent être perçus les plus violents éclats de tonnerre ou les coups de canon du plus gros calibre. De plus, s'il fallait en croire la plupart des observateurs, l'intervalle entre le déchirement du bolide et la perception du bruit serait si considérable, qu'il faudrait reporter à de prodigieuses hauteurs le point de l'espace où ce phénomène s'est produit. En acceptant les estimations les plus modestes, dit M. Lecot, on ne peut pas admettre moins de cinq minutes de distance, de la rupture du bolide à la première détonation, ce qui supposerait un éloignement de plus de 25 lieues, et, en tenant compte de la position du météore, relativement à ces observations, il serait difficile de ne pas admettre une hauteur verticale d'au moins une vingtaine de lieues. Ces chiffres sont encore en deçà de la valeur qu'il faudrait leur donner, si l'on tenait compte de la plupart des rapports précis, qui ont été produits par des personnes compétentes.

La seconde particularité, c'est que ce phénomène n'est pas isolé, mais qu'il semble se lier à une série d'apparitions du même genre, plus nombreuses que jamais à cette époque de l'année. Le mois d'octobre 1868 a été en effet très-remarquable au point de vue de la fréquence des bolides et aussi des étoiles filantes.

§ 23.

Un météore. — A l'éditeur du *Times*; Hexlsam, lat. 55° 56' N; long. 2° 4' O., 20 octobre.

« J'ai observé dans le ciel, la nuit dernière, un peu après 10 heures, une large bande de lumière nébuleuse, qui s'élevait de l'horizon, à l'ouest, derrière des nuages, et s'étendait jusqu'au zénith. Elle offrait exactement l'apparence de la queue d'une immense comète et elle était rétrécie vers son point de départ.

Je ne sais pas depuis combien de temps elle était apparue lorsque je la vis, mais je l'observai pendant dix minutes environ et elle s'évanouit graduellement. On pouvait voir les étoiles à travers. C'était peut-être la traînée laissée par le météore, mais, si cela est, le météore devait avoir un volume énorme et un grand éclat. Je vous écris ceci dans l'espoir que quelques-uns de vos lecteurs auront pu voir et expliquer ce phénomène. »

§ 24.

En ajoutant à tous ces bolides ceux qui, quoique moins éclatants, ont cependant été observés et décrits, on trouve qu'il n'y en a pas moins de vingt pendant les deux mois de septembre et octobre 1868.

Chaque apparition est utile à signaler, car elle peut concourir à faire reconnaître certaines époques de maximum. Il est bon d'ailleurs d'indiquer les circonstances qui l'ont accompagnée ; mais de pareils renseignements ne sont susceptibles d'être employés à la détermination de la trajectoire du bolide que s'ils donnent, par leurs azimuts et leurs hauteurs, ou bien en les rapportant aux étoiles, les directions des deux points de cette trajectoire ; encore faut-il que des observations de cette nature aient été faites de deux stations suffisamment éloignées. Or, parmi les vingt bolides de septembre et d'octobre, il n'y en a que deux qui aient été aperçus de localités différentes, et, pour chacun, la condition qui vient d'être posée ne se trouve remplie que par les observations d'une seule station. Les renseignements que les autres stations ont fournis sont ou vagues ou incomplets. Il a seulement été possible d'obtenir, avec un certain degré de probabilité, les dimensions du bolide du 7-8 octobre et sa position au moment de l'explosion. M. Tremeschini a rapporté la direction de ce point à celles des étoiles β et γ de la Petite Ourse; les indications qu'il donne correspondent à un azimut de 10 degrés du nord vers l'ouest et à une distance zénithale de 56 degrés. Le même observateur a compté cinq minutes vingt-huit secondes entre le moment où il a vu éclater le bolide et celui où il a entendu la détonation; enfin il évalue à 30 minutes le diamètre apparent avant l'explosion. A l'aide de ces nombres, M. Tissot a calculé que le bolide avait 1 kilomètre de diamètre et qu'il a éclaté à quinze lieues de hauteur, au-dessus du territoire situé entre Broteuil et Crèvecœur (Oise).

D'après les renseignements pris personnellement dans le pays par M. Tremeschini, les éclats du bolide se disséminèrent par fragments menés sur une étendue énorme, dont le centre correspondait approximativement à un point non éloigné du territoire de Grandivilliers (Oise).

Les vingt bolides se trouvent répartis de la manière suivante, quant aux époques de leurs apparitions : deux dans la soirée du 4 septembre, deux dans celle du 5, un dans celle du 8, un dans celle du 9, un le 16, deux dans la nuit du 7 au 8 octobre, un dans la soirée du 13 et dix dans celle du 19.

Ceux du 4 septembre ont été observés de Brienz et de Tunis à peu près au même moment, et il était naturel de supposer d'abord qu'ils n'en faisaient qu'un;

mais, en réalité, ils sont distincts; un corps en mouvement dans le premier vertical de Brienz, et se projetant pour Tunis sur γ, puis sur δ de Cassiopée, aurait disparu, pour Brienz, non à l'ouest, mais à l'est et sans avoir passé au zénith, contrairement à ce qu'a vu M. Duchartre.

Le premier bolide du 5 septembre s'est montré vers 8 heures du soir et a été aperçu d'un grand nombre de localités. M. Tissot a vu le second de Tunis, après 10 heures, ainsi que celui de la veille; il a passé au-dessus de l'horizon, au nord-est, après avoir semblé décrire un arc de grand cercle vertical; son aspect était aussi le même que celui du bolide de la soirée précédente, si ce n'est que la couleur lie de vin avait remplacé le rouge vif.

Le bolide du 8 septembre a éclaté vers $8^h 30^m$ du matin et l'on en a recueilli des fragments à Sauguis (Basses-Pyrénées), comme nous l'avons vu.

Le bolide du 9 septembre était de ceux que l'on compare ordinairement aux fusées, à cause de leur aspect; M. Tissot l'a aperçu, vers 9 heures du soir, dans un voyage en mer, entre Tunis et Cagliari; son mouvement semblait s'effectuer avec lenteur et parallèlement à l'horizon.

Les bolides du 19 octobre se sont montrés à deux reprises différentes, vers 8 heures et vers 10 heures du soir : on en a vu chaque fois cinq en moins de deux minutes; tous les dix se dirigeaient du sud-est au nord-ouest.

§ 25.

Le 15 novembre 1868, vers 11^{h}20^m du soir, écrit
du Mans M. le Dr Verdier, j'ai vu un bolide se dirigeant à peu près du sud-est au nord-ouest et passant
entre β du Bélier et η des Poissons. Son éclat rougeâtre était un peu inférieur à celui de Jupiter, qui se
trouvait à peu de distance. Son diamètre, environ de
1 ou 2 minutes, était peu appréciable; tout se con-
fondait en une traînée d'environ 5 degrés. L'apparition
a duré environ deux secondes.

§ 26.

Dans la nuit du 14 au 15 novembre, écrit M. Agui-
lar, directeur de l'Observatoire de Madrid, on continua
les observations des étoiles filantes et, à 12^{h}20^m du
matin, pendant qu'un observateur descendait de la
terrasse de l'édifice et que l'autre y montait pour le relever, il se forma, on ignore comment, dans la constellation de la Grande Ourse, entre les étoiles β et ψ, un
nuage lumineux de figure irrégulière, variable par
instants, et d'une grandeur égale à trois ou quatre
fois celle de la Lune. Étonné de cette apparition, dont
l'aspect ressemblait à celui d'une grande comète, le
second observateur descendit pour appeler son collègue, et, d'accord tous les deux sur l'étrange phénomène qui se présentait à leurs regards, ils décidèrent
de l'examiner avec un équatorial établi dans une petite
tour au milieu d'un champ ; mais, pendant qu'ils pré-

paraient l'instrument, le nuage disparut complète-
ment. Avait-il été produit par l'apparition de quelque
bolide semblable à celui qu'on observa la veille à
2ʰ33ᵐ? C'est très-probable. Dans le reste de la nuit,
le nombre d'étoiles filantes fut très-petit. Il est vrai
qu'à 3 heures du matin le ciel commença à se couvrir
de nuages et qu'à 4 heures il était complétement
voilé.

Tels sont les bolides et aérolithes observés pendant
l'année 1868. Cette année est exceptionnelle pour le
nombre de ces échantillons d'autres mondes qu'elle
a reçus et offerts à la science. On voit que la *réunion*
et la comparaison des observations diverses faites à
l'égard de ces corps si peu connus apportent des éléments intéressants pour la synthèse du système du
monde. Nous continuerons avec soin dans nos pro-
chains volumes cet enregistrement, instructif à plusieurs titres.

PETITES PLANÈTES DÉCOUVERTES
EN 1869 ET 1870.

Nous nous sommes arrêtés, dans notre dernier Volume, au 105ᵉ astéroïde, découvert le 16 septembre 1868 par M. Watson, directeur de l'Observatoire
d'Ann-Arbor (Amérique), et auquel on a donné le nom
d'*Artémise*; mais, en réalité, le 106ᵉ et le 107ᵉ ont été
découverts cette même année : le premier, le 10 octobre, par M. Watson, le second en novembre par

M. Pogson, à Madras. Tous les deux ont l'aspect d'une étoile de 10ᵉ grandeur. Le 106ᵉ a été baptisé du nom de *Dionée*.

L'*Annuaire du Bureau des Longitudes* et la *Connaissance des Temps* continuent depuis quatre ans à inscrire cette 106ᵉ petite planète sous le nom de *Sylvie*, qui a été décerné en 1866 à la 87ᵉ (*voir* notre tome II, p. 259). Cette erreur, si facile à corriger, pourrait donner lieu à des équivoques inutiles.

La 107ᵉ petite planète a reçu le nom de *Camille*.

Dans le cours de l'année 1869, on n'a découvert que deux nouveaux astéroïdes ; la mine a été moins fructueuse que celle de l'année précédente, qui avait porté la liste du 95ᵉ au 107ᵉ. La 108ᵉ petite planète a été reconnue par M. Luther, à Bilk-Dusseldorff, le 2 avril, vers 9 heures du soir, sous l'aspect d'une étoile de 11ᵉ grandeur. M. Luther l'a baptisée du nom d'*Hécube*.

C'est au même Observatoire que la 109ᵉ a été découverte par M. Peters, le 7 novembre. Elle est de 10ᵉ grandeur et a été nommée *Félicité*.

Le 19 avril 1870, M. Borrelly, de l'Observatoire de Marseille, a découvert le 109ᵉ astéroïde. M. Delaunay, directeur de l'Observatoire de Paris, l'a baptisé du nom de *Lydie*. Sa distance au Soleil est de 2,69, celle de la Terre étant 1, et sa révolution est de 1612 jours.

Dans la nuit du 14 août, M. Peters a reconnu la 110ᵉ petite planète, qui a reçu le nom d'*Até*, et gravite à la distance de 2,58, dans une révolution de 1510 jours. C'est le même astronome qui a découvert encore la 111ᵉ, *Iphigénie*, le 19 septembre de la même année. Cette petite planète est située à la distance de 2,43, et sa révolution s'effectue en 935 jours.

Telles sont les petites planètes découvertes pendant ces deux années. Ce résumé terminerait notre quatrième Volume, si nous n'avions promis de reproduire en Appendice la relation du voyage aéronautique accompli par M. Janssen, pendant le siége de Paris, pour aller observer l'éclipse du 22 décembre 1870, dont nous avons rendu compte.

APPENDICE.

APPENDICE.

Relation du voyage aéronautique entrepris par M. Janssen pour aller observer l'éclipse totale de Soleil du 22 décembre 1870.

(Communication de M. Janssen à l'Académie des Sciences.)

On sait que l'application des nouvelles méthodes fondées sur l'analyse de la lumière a fait entrer l'étude des phénomènes des éclipses dans une phase nouvelle. Parmi ces phénomènes, deux ont principalement attiré jusqu'ici l'attention des observateurs : d'une part, ces manifestations lumineuses si singulières, qu'on a nommées les *protubérances*, et, d'autre part, la magnifique couronne de lumière qui entoure le Soleil éclipsé et qu'on désigne généralement sous le nom d'*auréole*. Lorsque, à l'occasion de la grande éclipse du 18 août 1868, qui eut lieu en Asie, on appliqua, pour la première fois, l'analyse spectrale à l'étude de ces objets, c'est aux protubérances qu'on s'attacha d'abord, comme étant le phénomène le plus simple et se rattachant le plus immédiatement au Soleil. Alors on découvrit la véritable nature de ces expansions solaires et le moyen de les étudier journellement : l'auréole fut donc nécessairement négligée et réservée pour une étude ultérieure. Depuis, les occasions d'aborder ce nouvel objet n'ont pas été favorables ; aussi l'éclipse du 22 décembre dernier, qui avait lieu si près de nous, dans le bassin de la Méditerranée, offrait-elle une occasion qu'il importait de ne pas négliger. Les nations savantes en jugèrent ainsi, et de toutes parts on se préparait à l'observation d'un phénomène qui pouvait nous faire faire un pas nouveau et décisif sur la constitution du Soleil et des régions qui l'entourent.

En France, le Bureau des Longitudes s'était déjà préoccupé de se faire représenter en cette circonstance, et m'avait fait l'honneur de me désigner pour faire partie de la Commission qu'il devait envoyer ; mais la guerre déclarée depuis semblait devoir faire abandonner ces projets, et le blocus rigoureux de Paris ajoutait encore aux difficultés.

Cependant, dans une pensée de dévouement à la science, et jugeant que, dans les circonstances présentes, il était bon que la France n'abdiquât aucun rôle, surtout dans l'ordre intellectuel, je m'offris à l'Académie des Sciences et au Bureau des Longitudes pour accomplir ce voyage ; et afin de n'avoir rien à solliciter de la puissance qui nous faisait une guerre si persistante et si impitoyable, je proposai de suivre la voie aérienne pour traverser les lignes prussiennes.

Cette proposition fut accueillie. A la demande de l'Académie et du Bureau, le Ministre de l'Instruction publique voulut bien me charger de cette mission, et y ajouta le don du ballon qui devait me transporter.

Je n'avais jamais fait d'ascension libre, et depuis longtemps Paris n'avait plus d'aéronaute expérimenté à envoyer en province, mais je ne crus pas devoir m'arrêter devant cette difficulté, et convaincu que des connaissances théoriques mûrement acquises et l'expérience des voyages suffiraient à me donner le sang-froid et les inspirations nécessaires à la bonne conduite de mon aérostat, j'en pris la direction. Je pense que le résultat m'a donné raison.

Le ballon qui devait m'emporter fut nommé le *Volta* : il jaugeait 2000 mètres cubes et sortait des ateliers que M. Godard dirigeait à la gare d'Orléans. Quoique construit d'une manière rapide, il présentait des garanties suffisantes de solidité et d'imperméabilité. Gonflé depuis plusieurs semaines, il n'avait pas éprouvé de pertes sensibles. Le filet, la nacelle, les agrès m'ont paru dans d'excellentes conditions de solidité et d'agencement.

M. Godard m'avait proposé d'ajouter au ballon une disposition dont il revendique l'invention, et qu'on pourrait appeler le *parachute équatorial*. C'est une bande d'étoffe, de 1 mètre de largeur environ, qui court autour de l'équateur du ballon, ayant son bord intérieur fixé à celui-ci, et le bord extérieur retenu de distance en distance par des fils qui le relient à la partie inférieure du filet. Dans les mouvements de descente, cette bande se gonfle et forme parachute. Sans doute la surface qu'elle présente ne serait pas suffisante pour enrayer complétement une chute rapide, mais son action modératrice paraît fort utile, soit pour ralentir des mouvements brusques de descente, soit pour solliciter l'aérostat à rester dans la couche aérienne où il accomplit son voyage.

On sait que les ballons qui furent envoyés pendant le siége de Paris ont tous été gonflés au gaz d'éclairage, dont la densité est beaucoup plus grande que celle de l'hydrogène. L'hydrogène peut donner une force ascensionnelle de 1200 grammes environ par mètre cube ; celle du gaz est très-variable suivant sa provenance, elle est en général à peine les $\frac{2}{3}$ de celle de l'hydrogène.

Le *Volta* avait une force ascensionnelle d'environ 1 400 kilogrammes, répartie ainsi :

Poids de l'enveloppe du ballon, du filet,
de la nacelle, des agrès............... 520^{ks}
Instruments........................... 160
2 voyageurs........................... 150
Lest.................................. 570
                                        ———
                                        1400^{ks}

Mes instruments comprenaient :

1° Un télescope de 37 centimètres d'ouverture, réduit à ses organes essentiels ;

2° Un télescope de 16 centimètres, complet.

3° Une lunette de 108 millimètres d'ouverture ;

4° Une collection d'appareils spectroscopiques, construits spécialement en vue de l'étude de l'auréole solaire ; des polarimètres, baromètres, etc.

Une difficulté, qui paraissait même insurmontable aux yeux de personnes très-autorisées, était celle de faire voyager par ballon des instruments d'Astronomie suffisamment puissants pour l'étude des phénomènes que nous avions à aborder. On me faisait remarquer que le transport d'un grand télescope ou d'une puissante lunette exigerait la construction d'un aérostat bien volumineux et bien dispendieux ; et ensuite, ajoutait-on, que deviendront les organes si précis et si délicats de ces appareils, au milieu des chocs et des péripéties de l'atterrissage ?

Voici comment je tournai ces difficultés :

Je réduisis les instruments à leurs organes essentiels, réservant de les faire compléter dans une grande ville, sur le chemin de la station ; mais les appareils furent montés entièrement à Paris, et tout fut disposé de manière que les parties à compléter fussent d'une exécution très-simple et en quelque sorte grossière.

En outre, une collection très-complète d'outils et de garnitures de rechange devait permettre de remédier à tout accident. Chacune des caisses ne contenait que ce qui était relatif à un même instrument. Tous les organes y étaient emballés séparément et noyés dans un milieu de rognures de papier fortement tassées.

Ces caisses, en bois très-épais, vissées, cerclées de fer et coussinées extérieurement, auraient pu supporter une chute d'une dizaine de mètres sur le sol, sans que le contenu fût compromis.

Le bagage était arrimé autour de la nacelle, et un peu au-dessus du fond de celle-ci, de manière à ne pas porter dans les chocs. Dans ce voyage, j'étais accompagné d'un marin, nommé Chapelain, matelot-fusilier de la *Zénobie*, détaché au moment du siége au fort de Montrouge.

Le départ du *Volta* eut lieu le 2 décembre, à six

heures du matin, de la gare d'Orléans. M. Dumas me fit l'honneur d'y assister, ainsi que MM. Ch. Sainte-Claire Deville, Hervé-Mangon, Gostynski, Le Roux, etc.

6 heures. — Le signal est donné, le ballon s'élève lentement. Nous dûmes jeter successivement la valeur de quatre sacs pour lui faire atteindre l'altitude de 900 mètres, minimum indispensable en présence de l'ennemi. Je ne jugeai pas à propos d'alléger davantage ; le temps était beau, le soleil allait se lever et apporter bientôt l'appoint de ses rayons pour compléter notre hauteur.

Cependant l'aube commençait à paraître et colorait déjà les régions de l'Orient d'une teinte blanchâtre qui s'élevait rapidement ; mais cette lueur n'existait que pour nous : Paris était encore dans l'obscurité et ne se révélait que par les lignes ponctuées de feu qui en traçaient les grandes artères.

L'opposition d'impression que produisaient alors les basses régions avec les nôtres était saisissante ; à nos pieds, au fond d'une atmosphère lourde et obscure, l'appareil de nuit d'une grande cité dont les feux rougeâtres et vulcaniques éveillaient l'idée d'un monde inférieur avec ses appétits, ses passions, ses violences, ses misères. Et quelle coïncidence ! Paris ne se débattait-il pas en ce moment même dans les étreintes ardentes d'ennemis poussés par les plus détestables instincts de domination et d'orgueil ? Mais si, rompant avec ces idées, on reportait la vue dans nos régions pures, diaphanes, déjà inondées des lueurs matinales de l'aurore, quel contraste et quel soulagement ! On se sentait allégé et pénétré d'un sentiment de pureté indéfinissable qui entraînait doucement la pensée dans un ordre d'idées extra-terrestres.

Mais il fallait se dérober à ces impressions et songer à la direction du ballon.

Prenant le centre de l'arc lumineux de l'aube, et comparant avec Paris qui fuyait rapidement derrière nous, j'en conclus, d'après la connaissance du lever du Soleil en décembre, que le ballon était poussé vers le sud-ouest. Notre altitude était alors d'environ 1100 mètres; Chapelain venait de jeter peu à peu le sable d'un cinquième sac.

6^h30^m. — L'horizon s'empourpre et la lumière gagne. Paris se perd dans les feux de l'aurore.

7^h15^m. — Le jour est très-nettement accusé; nous pouvons lire facilement les instruments. Le baromètre marque 646 millimètres, le thermomètre 1 degré sous zéro; le ballon semble avancer à peine, mais sa marche est plus prononcée vers l'ouest.

Bientôt nous passons au-dessus d'une rivière, l'Eure, au nord de Chartres, laissant au sud de belles forêts qui apparaissent comme dans un plan en relief. Le baromètre marque 642 millimètres.

7^h35^m. — Le soleil se lève, le ciel est splendide. Quand le disque est entièrement dégagé, l'air se refroidit rapidement, le thermomètre tombe à 7 degrés sous zéro. L'aérostat descend, et même assez vite. Le baromètre, qui, tout à l'heure (7^h15^m), marquait 642 millimètres, remonte maintenant à 652 millimètres. On jette un peu de lest pour maintenir la hauteur; le baromètre accuse alors 639 millimètres, et le thermomètre 8 degrés sous zéro.

Ainsi, par un effet remarquable, mais qui s'explique parfaitement, l'apparition du soleil, qui semblait devoir être pour le ballon une cause d'échauffement, et par suite d'ascension, se traduisit au contraire par un mouvement de descente très-prononcé. C'est que le rayonnement solaire eut d'abord pour effet de dissiper les vapeurs atmosphériques et d'augmenter, par là, dans une proportion considérable, le rayonnement du ballon vers les espaces célestes. Cette perte l'emporta tout d'abord sur le gain du rayonnement direct de l'astre, d'où résulta le refroidissement de l'aérostat, et par suite son mouvement de descente.

Il est digne d'attention qu'au moment du lever du soleil la température de nos couches aériennes se soit abaissée aussi rapidement et soit descendue jusqu'à 8 degrés au-dessous de zéro. C'est là un remarquable effet de rayonnement atmosphérique vers les espaces célestes, rayonnement provoqué par la transparence de l'atmosphère devenue tout à coup beaucoup plus grande, ainsi que je l'ai constaté, quand les premiers rayons solaires eurent dissipé les vapeurs qui formaient comme un voile léger au-dessus de nous. On a observé bien souvent les effets du rayonnement nocturne à la surface du sol, mais celui de l'atmosphère elle-même ne pouvait être observé qu'au sein de cette atmosphère et à une hauteur qui mît hors de cause les effets du sol et des objets qui s'y trouvent. Maintenant, si nous remarquons que les corps solides rayonnent beaucoup plus énergiquement que les gaz, nous serons amenés à conclure que le ballon a dû perdre par cette cause, encore plus que le milieu où il était plongé, et devait dès lors descendre, comme le baromètre l'a indiqué. Il n'est pas impossible, en outre, que l'abaissement de la température ait amené un dépôt de rosée sur la paroi interne du ballon, le gaz aérostatique pouvant n'être pas absolument sec; cet effet a pu avoir une part dans le mouvement de descente, mais ce n'est pas lui qui l'a provoqué.

Cette action des premiers rayons solaires sur les vapeurs atmosphériques, constatée d'une manière si nette, et dans les régions mêmes où elle s'est produite, est une preuve toute nouvelle et très-forte en faveur de l'opinion qui attribue à la Lune le pouvoir de dissiper des vapeurs et des nuages légers. A cet égard, le dire de nos cultivateurs sur les effets de la Lune d'avril, celui des Hindous relativement à l'intervention des astres dans la production nocturne de la glace au Bengale et d'autres opinions analogues que j'ai rencontrées dans mes voyages me semblent beaucoup plus près de la vérité qu'on n'a voulu l'admettre jusqu'ici dans la science. La Lune doit être beaucoup plus qu'un témoin de la sérénité les nuits où elle se montre, et s'il est vrai que ses rayons ne gèlent pas directement les plantes ou ne congèlent pas l'eau, ne doivent-ils pas être considérés comme les auteurs de ces effets s'ils ont pu déchirer le voile atmosphérique protecteur de la végétation et conservateur de la chaleur terrestre (*)?

(*) L'influence de la Lune sur les nuages a été constatée directement par M. Flammarion dans ses voyages aériens nocturnes, notamment dans celui du 14 juillet 1867, pendant lequel il traversa la Belgique en ballon. (Voir les *Comptes rendus de l'Académie des Sciences*.)

En appelant l'attention des physiciens et des météo
rologistes sur ce point, je voudrais recommander
comme très-propres à résoudre la question, des obser
vations de transparence de l'atmosphère au momen
des éclipses de Lune, quand le phénomène se produi
par de.belles nuits.

8 heures. — Depuis un quart d'heure, le soleil es
tout à fait levé, et son action calorifique devient plu
puissante : elle commence à se faire sentir sur l'enve
loppe du ballon ; celle-ci se tend visiblement, nous re
montons. (Baromètre, 634 millimètres ; thermomètr
7°,5 sous zéro.)

En cet instant nous passons à la pointe sud d'un
vaste forêt.

8^h 5^m. — L'effet du rayonnement se prononce de plu
en plus, et quoique la température de l'air soit tou
jours vers 8 degrés sous zéro, le ballon continue so
ascension. (Baromètre, 629 millimètres.)

Mouvements giratoires. — Un mouvement sensib
de giration se produit, déterminé sans doute par l'
chauffement du Soleil portant exclusivement sur u
des hémisphères du ballon.

Un défaut de symétrie dans la répartition de la n
celle est également une des causes qui peuvent amen
le mouvement giratoire de l'aérostat. On y remédie
rétablissant l'équilibre et en veillant à ce qu'il s
maintenu ; aussi quand on aura une dépense de lest
faire, je conseillerai d'emprunter ce lest à des poin
symétriquement placés par rapport au centre de
nacelle.

Il est également important que l'aéronaute s'abstien

autant que possible de se déplacer pendant la marche. Ces déplacements déterminent des mouvements pendulaires très-gênants pour les observations qui doivent donner la direction et la vitesse de l'aérostat.

Direction de l'aérostat. — Quand l'aéronaute, dispose d'une carte topographique à grande échelle, reproduisant assez fidèlement la physionomie du pays pour qu'il lui soit facile de reconnaître les points, au-dessus desquels il passe, le problème n'offre aucune difficulté; il suffit de marquer sur la carte les points successifs de la route en notant l'heure. On en conclut immédiatement la direction et la vitesse de l'aérostat.

Mais si la carte ne présente pas les détails suffisants pour la reconnaissance du terrain, ce qui est le cas le plus général, il faut alors recourir aux instruments. On trouvera plus loin la description d'un appareil que j'ai imaginé dans cette intention; mais déjà, à bord du *Volta*, j'ai pu employer la boussole à la détermination de ma route. Voici comment :

Je me servais de l'une des pointes de l'ancre suspendue à la nacelle comme d'aiguille indicatrice; cette pointe traçait sur le terrain une ligne très-facile à suivre, et sur laquelle j'alignais le côté de la boîte carrée de ma boussole. La position de l'aiguille donnait alors l'angle de la route avec le méridien magnétique. Il restait à corriger l'angle de la déclinaison.

$8^h 17^m$. — La température remonte lentement (6 degrés sous zéro) la route est à l'est-quart-sud.

Le temps est admirable; les mouvements de giration et de balancement sont tout à fait éteints. Il semble que nous sommes dans une immobilité absolue dans l'espace tout baigné de lumière qui nous entoure, et cependant nous faisons près de 80 kilomètres à l'heure ! La contrée nous apparaît dans tous ses détails : forêts, cours d'eau, routes, chemins de fer, maisons, habitants mêmes ; car je me sers d'une lunette tout à mon aise.

D'après mes observations, je signale ici ce fait important, qu'il serait de la plus grande facilité de se servir d'un sextant muni d'un niveau à bulle d'air, qui permettrait d'obtenir les hauteurs du soleil !

$8^h 48^m$. — Nous passons au nord du Mans. Le plan de la ville, les routes, les chemins de fer dont les lignes serpentantes ou brisées sillonnent le grand tapis, la forêt de Bazoges, qui forme comme une toison d'un vert sombre attachée aux collines élevées que j'aperçois au nord, tout ce paysage enfin est si pur, si lumineux, l'aérostat est d'une immobilité apparente si complète, que, sans aucun doute, on réussirait ici une photographie rapide. En faveur de la possibilité d'obtenir ces épreuves, il faut remarquer que, dans un aérostat, la chambre photographique regarde la Terre dans une direction normale, circonstance qui diminue beaucoup le temps de pose. On sait, en effet, que la pleine Lune se photographie dans un temps incomparablement plus court que ses phases.

Ces photographies auraient une bien grande valeur topographique. Il appartient à la France, qui a créé l'aérostation, de doter la science de cette branche nouvelle si pleine d'avenir.

$9^h 25^m$. — Baromètre, 589^{mm}. Le mouvement ascendant général se continue.

9^h 45^m. — Baromètre, 584^{mm}. Nous sommes au point le plus élevé atteint par l'aérostat, à 2000 mètres à fort peu près. (Au départ, le baromètre marquait 770 millimètres.)

On se rappelle qu'au départ le ballon s'était élevé à 1100 mètres par abandon de lest. Il est maintenant à une hauteur double, et cette surélévation si considérable est due tout entière à l'échauffement du gaz de l'aérostat. Le mécanisme de cet échauffement ne peut s'expliquer d'une manière rationnelle qu'à l'aide des propriétés de diathermanéité du gaz.

C'est l'enveloppe qui a été l'intermédiaire et la cause de cette grande élévation de température du gaz aérostatique ; sans elle, cette masse gazeuse de 2000 mètres cubes eût été traversée par le rayonnement solaire sans échauffement bien sensible. Il y a même plus : avec un gaz plus diathermane que l'air, le gain eût été en faveur de celui-ci, de telle sorte que, si l'on imagine une masse gazeuse en équilibre de pression, au sein de l'atmosphère, cette masse s'élèvera ou s'abaissera en présence du soleil, suivant que son pouvoir absorbant sera plus grand ou plus petit que celui du milieu ambiant ; mais l'existence de l'enveloppe amène des phénomènes tout différents. Sous l'action du rayonnement solaire, celle-ci s'échauffe rapidement et énergiquement, par la raison très-simple qu'elle arrête, à titre de corps peu réfléchissant et peu transparent, la presque totalité des radiations qui la frappent. Échauffée, cette enveloppe rayonne à son tour, mais elle rayonne une chaleur très-obscure ou à une grande longueur d'onde, chaleur éminemment absorbable par le gaz intérieur, et qui élève sa température jusqu'à ce que celui-ci se soit mis en équilibre calorifique avec elle. Par l'intermédiaire de son enveloppe, le gaz aérostatique a acquis ainsi la même température que s'il eût été doué du pouvoir absorbant d'un corps solide, ce qui explique alors sa grande dilatation et la surélévation considérable du ballon.

$9^h 45^m$. — Nous passons au-dessus d'un camp fortifié. Il me semble que j'ai sous les yeux un de ces plans de nos villes exposés dans les combles de l'Hôtel des Invalides. Les fortifications, leur artillerie, le camp avec ses baraques et ses tentes s'aperçoivent dans tous leurs détails.

Nous entendons une sonnerie française, mais si distinctement, que je suis tenté de chercher le clairon autour de moi. Évidemment il n'y a point accord entre la pureté, l'intensité des sons et l'éloignement de la source sonore. Le rapport qui existe à la surface de la Terre entre ces deux termes est profondément modifié dans ces régions aériennes.

$10^h 30^m$. — Bar., 588^{mm}. Nous descendons un peu.

$10^h 40^m$. — Bar., 595^{mm}. Ce mouvement se continue ; il paraît dû à l'air qui s'échauffe actuellement plus que le ballon. Le thermomètre indique 1 degré au-dessus de zéro.

En ce moment, le ballon se trouve au-dessus de Château-Gontier, dont j'aperçois la cathédrale. Des troupes font l'exercice sur une grande place, au sud-est de la ville. En même temps, un bruit confus de voix parvient jusqu'à nous, et ma lunette me montre une grande agitation sur la place. Sans doute nous avons été aperçus, et l'on acclame le messager aérien qui apporte des nouvelles de Paris. Je distingue dans ce bruit quelques éclats de voix, des parties de mots très-intelligibles. Nul doute que, si, au milieu du silence des autres, un de ces hommes m'eût adressé la parole en articulant avec lenteur et avec force, je l'eusse compris. C'est un nouvel exemple de la facilité singulière avec laquelle les bruits de terre sont perçus en ballon (*).

11 heures. — Bar., 592; therm., + 0,8. Est-ce ce petit refroidissement de l'air qui cause notre léger mouvement d'ascension?

Nous sommes dans une région de lacs. Le temps est toujours magnifique.

11ʰ 15ᵐ. — Bien que me sachant fort en dehors des régions envahies, je laisse le ballon continuer son beau voyage et gagner les voies ferrées du littoral de l'ouest. Mais je me tiens fort attentif, car divers symptômes m'indiquent l'approche de la mer : les lacs deviennent nombreux et marécageux, les rivières accusent, par l'élargissement de leurs lits, un pays plat et bas. Sur le fond vert sombre du tapis, leurs méandres argentés courent presque parallèlement vers le sud, paraissent se perdre dans une large traînée lumineuse, toute scintillante de points brillants que j'aperçois dans les vapeurs de l'horizon. Je traverse évidemment le réseau des affluents d'un grand fleuve près de son embou-

(*) M. Flammarion a fait sur ce point de nombreuses observations dans ses divers voyages aériens. *Voir* son ouvrage sur l'*Atmosphère*.

chure, et, d'après ma route, ce fleuve ne peut être
que la Loire.

En même temps j'aperçois, à travers les brumes du
lointain, une petite découpure fort nette, dont la teinte
tranche sur le fond général. A droite et à gauche, ses
contours se perdent dans les vapeurs. Je juge aussitôt
que cette découpure doit être une portion de côte visible à travers une éclaircie. Nous arrivons donc sur
la mer; il faut descendre sans perdre un instant. Ayant
l'œil au baromètre, je fais ouvrir la soupape que Chapelain maintient béante; le ballon tombe, l'aiguille
barométrique marche vivement et va atteindre 700 millimètres quand je fais fermer. C'est une chute verticale
de 1500 mètres, dont la rapidité est nécessaire en présence de la mer, mais bien dangereuse si on ne l'en-
rayait pas. Aussi fais-je délester immédiatement. Au
troisième sac, notre vitesse de chute est éteinte; le
ballon remonte même légèrement.

Nous sommes alors entre 400 et 500 mètres du sol.
On reprend la descente. A 200 mètres, on déleste encore jusqu'à l'équilibre.

N'ayant plus qu'une petite hauteur à franchir, et
tout à fait dégagés de la préoccupation d'arrêter la
vitesse acquise, nos conditions d'atterrissage sont
excellentes.

Je quitte alors le baromètre pour surveiller les ban-
deroles et la terre. Un coup de soupape nous procure
une descente qui, douce d'abord, s'accélère bientôt;
les objets se rapprochent rapidement, il semble que
la terre se soulève et arrive vers nous à grande vitesse. On jette la valeur de deux sacs, le mouvement

mollit. A 5o mètres, je fais couper le filin qui retient les 3oo mètres de grosse corde du guide-rope; il tombe en tournoyant, et la meilleure partie du gros rouleau vient frapper le sol. A l'instant, une ondulation ascendante se produit, bientôt suivie d'une descente molle et très-oblique, car le vent de terre était fort. Nous sommes emportés au-dessus d'une prairie qui défile rapidement sous nos pieds. Tout à coup un clocher se dresse devant nous! il faut l'éviter à tout prix. Chacun lance un sac, et d'un bond nous le franchissons; la course reprend dans un verger coupé de haies; ces obstacles sont favorables, c'est ici qu'il faut atterrir. Chapelain jette l'ancre et ouvre la soupape; nous sentons une violente secousse, l'ancre a cassé (*),

(*) La partie la plus difficile et la plus dangereuse des voyages aéronautiques est l'atterrissage, à cause de la grande vitesse dont l'aérostat est doué la plupart du temps en arrivant à terre. Or, si l'on se reporte à l'histoire des principales ascensions, on demeure convaincu que l'emploi de l'ancre a été la cause d'accidents très-nombreux. Si l'ancre casse, l'aérostat se trouve livré à lui-même et ne peut attendre son salut que dans les obstacles qu'il rencontrera, et contre lesquels il pourra se briser; si au contraire l'ancre tient, il en résulte pour la nacelle une secousse si violente, que les dangers sont peut-être encore plus grands.

Le principe doit être d'obtenir un arrêt non pas brusque, mais progressif; cet arrêt doit être, suivant moi, demandé au guide-rope.

Dans l'atterrissage du *Volta,* l'ancre a cassé, et c'est le guide-rope dont j'avais fait tripler la longueur (3oo mètres) qui nous a sauvés, car nous arrivions à terre avec une viet le ballon, quoique très-dégonflé, nous emporte encore. Nous enfonçons quelques haies, brisons quelques branches, puis un arbre nous arrête, mais un instant seulement, car le ballon roulant de côté et d'autre se dégage et repart. Cependant la vitesse du traînage diminue sensiblement, grâce au frottement énergique de notre guide-rope de 3oo mètres. Arrêté de nouveau, je crie aux paysans, qui nous suivaient en courant, de se saisir de la longue corde que nous traînions ; ils se précipitent ; en un instant, le guide-rope devient une grappe humaine que nous ne saurions emporter. La nacelle est entourée et maintenue ; nous en sortons alors, et courons à la soupape, que nous ouvrons béante, pour achever le dégonflement.

Notre atterrissage avait été heureux, surtout en raison du grand vent qui régnait alors. Nous n'étions pas blessés, et les instruments étaient intacts.

Cependant les paysans arrivent de tous côtés, et

tesse de 8o kilomètres! Le guide-rope agit par son frottement contre le sol ; or, pour rendre ce frottement plus efficace, je propose d'insérer dans la corde des rognures de tôle courbées sur elles-mêmes, de manière que, dans le traînage, ces rognures puissent se charger de terre, de broussailles, etc. L'action d'une semblable corde serait extrêmement énergique, et d'autant plus grande que le traînage serait plus rapide. Le ballon serait bientôt arrêté en raison de l'énorme quantité de corps étrangers dont le guide-rope se chargerait.

Quand l'arrêt est presque obtenu, on peut utilement employer une ancre légère pour se fixer tout à fait ; mais, je le répète, l'emploi de l'ancre au début me paraît on ne peut plus dangereux.

nous sommes en un instant au milieu d'une foule qui se presse et nous étouffe. Ces braves gens n'avaient jamais vu de ballon. Ils nous accablent de questions :

« Ah ! c'est donc ça un ballon, Monsieur? — Nous » vous voyions bien là-haut, mais nous ne savions pas ce » que c'était ; vous n'étiez pas plus gros qu'un pois. — » Monsieur, vous venez de Paris, souffre-t-il beau- » coup? a-t-il des vivres pour longtemps? — Vous » apportez sûrement des lettres, Monsieur ; en avez- » vous pour moi, je m'appelle un tel?..... etc., etc. »

Je satisfaisais de mon mieux leur curiosité, quand je fus abordé par un propriétaire de la localité, M. Paul Serrant, qui se mit à ma disposition pour faire transporter l'aérostat à la gare prochaine, et me pria d'accepter l'hospitalité chez lui. Il m'apprit que nous étions au village de Briche-Blanc, commune de Beuvron, arrondissement de Saint-Nazaire. M. Serrant était à cheval, faisant une tournée dans les environs, quand il nous aperçut ; il avait lancé sa monture pour nous suivre, mais nous l'avions devancé de beaucoup. Après lui arrivèrent successivement des cavaliers et des piétons qui nous suivaient depuis longtemps ; car il paraît que nous avions été aperçus de toutes les communes environnantes, et qu'on courait après nous. On m'apprit aussi que le télégraphe avait signalé notre passage au-dessus de la ville du Mans.

Avant de songer à nous, nous devions nous occuper du ballon. Il était alors dans un endroit marécageux ; je l'en fis tirer et porter dans une prairie. On l'y étendit, on le dégagea de son filet, qui fut mis à part. Pour le dégonfler complétement, on tira l'enveloppe par ses extrémités inférieure et supérieure, de manière à la tendre fortement ; et, en même temps, on chassait le gaz vers les ouvertures.

Lorsque les deux hémisphères s'appliquèrent exactement l'un sur l'autre, on plia l'étoffe dans le sens de la hauteur du ballon, disposant les plis comme ceux d'un éventail. L'enveloppe formait ainsi une bande de 1 mètre environ de largeur, épaisse de tous les plis donnés à l'étoffe. Cette bande fut roulée sur elle-même et placée dans la nacelle, préalablement garnie de paille ; le filet fut placé par-dessus. Les cordages, le guide-rope, l'ancre formèrent un ballot séparé.

Mais déjà les charrettes étaient arrivées ; elles furent chargées et partirent pour la station.

C'est alors que nous pûmes nous occuper de nous. Notre hôte nous conduisit à sa demeure, où la maîtresse de la maison nous fit l'accueil le plus gracieux et le plus sympathique.

Il était alors 2 heures de l'après-midi, et je n'avais presque rien pris depuis la veille ; aussi étais-je dans les meilleures dispositions à l'égard du déjeuner, qui en était un pour moi, dans l'acception rigoureuse du mot. Ce déjeuner avait, en outre, un mérite que devait apprécier un Parisien, le 2 décembre 1870 ; il y figurait des œufs, du beurre, de la volaille. Il est vrai que j'eus peu le loisir de savourer ces raretés gastronomiques : le bruit de notre descente s'était promptement répandu. M. le maire, M. le curé, le buraliste de la Poste, les parents, les amis de la maison se succédaient sans interruption, et, tout en s'en excusant, chacun m'accablait de questions. Mais il y avait tant de sympathie pour moi, tant d'anxiété patriotique dans ces informations sur l'état de Paris, ce grand Paris qu'on admirait, sur les souffrances de ses habitants, sur les chances de salut de la France, que j'oubliai bientôt le besoin physique et me laissai aller à ces sentiments que je partageais, du reste, si profondément. Ces préoccupations patriotiques de notre vieille Bretagne, et les sacrifices si grands qu'elle faisait alors incessamment pour repousser l'invasion, témoignaient de tout ce qu'on eût pu obtenir de la France si l'on eût su lui parler, l'entraîner et surtout l'organiser.

Mais je fus bientôt tiré de ces réflexions : l'heure du départ se passait, la voiture de M. Serrant nous attendait, et, après avoir pris congé de mes hôtes, nous nous dirigeâmes rapidement vers la gare.

Le ballon nous y attendait, et les braves paysans qui l'avaient apporté refusèrent patriotiquement toute rémunération.

Un train spécial me conduisit à Nantes, et de là je me rendis à Tours, où j'arrivai à 11 heures du soir. J'étais parti de Paris à 6 heures du matin.

De Tours, je me dirigeai vers Bordeaux et Marseille, où je m'embarquai pour Oran.

En résumé, le voyage du *Volta* a prouvé la possibilité de transporter par les voies aériennes des instruments lourds et délicats ; mais c'est surtout au point de vue des questions physiques de l'atmosphère qu'il me semblera intéressant, s'il peut contribuer à démontrer combien les voyages aéronautiques peuvent ouvrir des horizons nouveaux à la science, élargir la sphère de nos études, et contribuer puissamment à résoudre tant de problèmes sur la Physique du globe et la Météorologie.

Voici maintenant la description de l'appareil que M. Janssen a imaginé pour déterminer *la direction et la vitesse* de l'aérostat.

Le compas aéronautique consiste en une boîte cylindrique de métal, de 10 à 15 centimètres de diamètre et de hauteur. Le fond inférieur du cylindre est en verre ; deux bras s'élèvent de la partie supérieure de la boîte, et supportent, à 28 ou 3o centimètres du fond et dans l'axe du cylindre, une petite plaque percée d'un trou. Ce trou, de quelques millimètres de diamètre, est un point de visée ou œilleton : l'œil s'y applique pendant les observations. Sur le fond de verre est tracée une série de circonférences dont les rayons sont calculés pour être vus, du trou de visée, sous des angles croissant de 1, 2, 3,..., 10 degrés. La plus grande de ces circonférences est divisée de 10 en 10 degrés, et porte les diamètres o°-18o°, 9o°-27o°, 45°-225°, 135°-315°. Nous la nommerons la grande circonférence.

L'instrument est muni d'une suspension à la Cardan, afin d'assurer, pendant les observations, la verticalité de l'axe. Une aiguille aimantée est fixée sur le fond, un peu excentriquement, pour dégager la vue du centre ; elle se meut au-dessus d'une circonférence également gravée sur le verre, et dont le diamètre o°-18o° est parallèle au diamètre semblable dans la grande circonférence.

Cet instrument peut donner en même temps la direction et la vitesse de l'aérostat.

Le compas étant tenu en dehors de la nacelle, au moyen de poignées fixées au cercle extérieur de la suspension, on l'oriente d'abord en amenant les

Fig. 33.

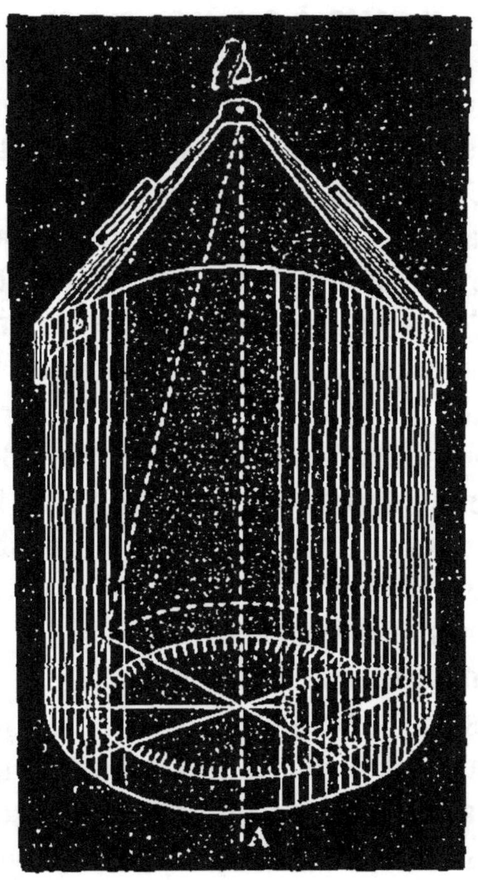

pointes de l'aiguille aimantée sur la ligne de foi, 0°-180° de son cercle divisé.

Regardant alors le sol par l'œilleton, on attend qu'un objet ou une portion d'objet quelconque passe par le centre des cercles. En cet instant, on compte le temps, jusqu'au moment où l'objet remarqué traverse la grande circonférence, et l'on note en outre par quelle division de cette circonférence s'est effectué le passage. L'aiguille de la boussole étant parallèle au diamètre $0°$-$180°$ de la grande circonférence, la connaissance du point de cette circonférence où l'objet a passé donne immédiatement l'angle de la route avec le méridien magnétique; il reste à corriger cet angle de la déclinaison.

Si l'aérostat est animé d'un mouvement de rotation assez rapide, il devient nécessaire d'en tenir compte. L'axe du compas, au lieu de suivre une parallèle à la ligne décrite par le centre du ballon, engendre alors une courbe cycloïdale, et la direction qu'on obtient est celle de la tangente à la courbe, à l'instant où l'objet qui sert de point de repère passe par la grande circonférence du compas. Mais si l'on remarque que cette tangente fait des angles égaux et de signes contraires avec la véritable route, dans tous les couples de points séparés par une demi-rotation du ballon, on sera conduit à prendre la moyenne des directions obtenues en des points ainsi espacés.

Voyons maintenant la vitesse.

Le temps qui a été mesuré est celui qu'un point du sol a mis à parcourir, d'une manière apparente, un rayon de la grande circonférence du compas, ou en réalité le temps que l'aérostat a employé à parcourir la projection conique de ce rayon sur le sol. Cette projection est à la hauteur de l'aérostat au-dessus du sol dans le même rapport que le rayon de la grande circonférence est à la hauteur du compas. Or ce rayon étant de grandeur calculée pour être vu du trou de visée sous un angle de 10 degrés, le rapport en question est celui de la tangente d'un angle de 10 degrés au rayon, c'est-à-dire le rapport de 0,176 à 1. Par exemple, si le temps compté est de 18°,4 et que la hauteur de l'aérostat soit de 2200 mètres, la vitesse cherchée sera égale au produit de 2200 mètres par 0,176 divisé par 18,4, ce qui donne 21 mètres par seconde, ou 76 kilomètres à l'heure.

Ces calculs sont bien simples, mais l'aéronaute n'est même pas tenu de les exécuter. On pourra construire une petite table qui donnera immédiatement la vitesse à l'heure, au moyen du temps et de la hauteur.

Ainsi la direction et la vitesse de l'aérostat sont obtenues par la même observation, et dans un temps extrêmement court. Il est seulement nécessaire qu'on connaisse la hauteur du ballon au-dessus de terre; mais cette hauteur est donnée par le baromètre, et l'on peut encore employer ici une table préparée d'avance, au moment du voyage, avec les éléments météorologiques du jour. Au moment de son départ, M. Janssen avait calculé une table de ce genre, et en avait inscrit les résultats sous la division de l'instrument, de sorte que l'aiguille indiquait en même temps la pression et la hauteur.

Du reste cette hauteur pourrait être obtenue très-simplement au moyen d'un pétard qu'on laisserait tomber sur le sol et qui s'enflammerait par le choc. On compterait alors le temps depuis l'apparition du feu jusqu'à l'audition de l'explosion.

Le compas aéronautique peut encore donner la direction de l'aérostat d'une autre manière.

Les branches qui supportent le trou de visée sont munies de pinnules qui permettent de déterminer l'azimut d'un objet éloigné, visé à travers ces pinnules, avec le méridien magnétique. On choisira donc un objet éloigné *au-dessus duquel le ballon aura passé*, et, en le visant à travers les pinnules en question, on obtiendra l'angle de route avec la direction de l'aiguille aimantée, et par suite avec le méridien du lieu.

Toutes ces déterminations n'exigent pas que la nacelle soit dans un repos apparent absolu; elles deviendraient néanmoins difficiles avec des mouvements un peu forts; mais ceux-ci sont toujours faciles à éviter ou à éteindre. Il faut que la charge de la nacelle soit également répartie autour de l'axe vertical du ballon, il faut que les aéronautes s'abstiennent de mouvements brusques et restent autant que possible à leur place. Pendant la traversée aérienne, M. Janssen a presque toujours pu se servir d'une boussole carrée, dont il orientait un des côtés sur la ligne tracée sur le sol par une des pointes de l'ancre, ce qui lui donnait l'angle de route avec le méridien magnétique. Il a même pu employer, avec la plus grande facilité, une lunette assez forte pour l'exploration de la contrée. Il est donc hors de doute que le compas aéronautique pourra être utilisé dans l'immense majorité des cas.

FIN DU QUATRIÈME VOLUME.

Paris. — Imprimerie de Gauthier-Villars, quai des Grands-Augustins, 55.

lorés et de leurs mondes. III. Étoiles périodiques, Soleils
à lumière variable. — *Travaux de l'Astronomie en* 1865
et 1866. — Du mouvement et de la vie dans le ciel. —
Apparition d'une étoile nouvelle dans la constellation de
la Couronne boréale. — Théorie des étoiles nouvelles. —
Étoiles filantes, bolides et aérolithes. — Pluie d'étoiles pendant la nuit du 13-14 novembre 1866. — Les étoiles filantes
et les comètes. — Assimilation des orbites des étoiles filantes
à celles des comètes, ou théorie cométaire des étoiles filantes.
— Les étoiles filantes et la Terre. — Analyse spectrale de
la lumière des astres. — La lumière et les couleurs du
spectre. — Analyse chimique des étoiles. — Analyse chimique des nébuleuses. — Le Soleil. Dernières recherches
sur sa nature et sa constitution physique. — La Lune.
Changement probable arrivé dans le cratère de Linné. —
Géologie de la Lune. — Éclipses observées. — Dernières
comètes observées. — Petites planètes nouvellement découvertes entre Mars et Jupiter. — Notes. — *Liste des Obser-*
vatoires français et étrangers.

TOME III. 1872.

Recherche de la loi du mouvement de rotation des pla-
nètes. — *Harmonie du système du monde.* — Exposé de
combinaisons numériques particulières dérivant toutes de
la gravitation. — *Translation du système solaire dans l'es-*
pace et relation du Soleil avec les étoiles les plus proches.
— *Travaux de l'Astronomie en* 1867 *et* 1868. — La grande
éclipse totale de Soleil de 1868. Les protubérances du Soleil.
— Étude pratique et théorique des taches du Soleil. 1866
à 1870. Calcul de leur périodicité. Influence attractive des
planètes sur le Soleil. Segmentation d'une tache solaire. —
Conjonction des planètes Mercure, Vénus et Jupiter. —
Observation de la planète Vénus. Sa Géographie. Vénus
porte-t-elle ombre? Ses phases sont-elles visibles à l'œil nu?
— Les éclipses dans Jupiter. — Disparition des quatre satellites de Jupiter. — Passage de Mercure sur le Soleil le
5 novembre 1868. — Sur un mois de février sans pleine lune.
— Comètes observées en 1867 et 1868. — Analyse spectrale
des comètes. — Petites planètes découvertes en 1867 et 1868.
— Dimensions des petites planètes. — *Revue bibliogra-*
phique des derniers Ouvrages publiés sur l'Astronomie. —
Remarque sur le temps que les planètes mettraient à tomber dans le Soleil.

966   Paris. — Impr. de GAUTHIER-VILLARS, quai des Augustins, 55.

www.ingramcontent.com/pod-product-compliance
Lightning Source LLC
Chambersburg PA
CBHW061304030726
47595CB00001B/208